TRAJECTORY PREDICTION TECHNOLOGY OF NEAR SPACE HYPERSONIC VEHICLE

临近空间高超声速飞行器轨迹预测技术

兰旭辉　熊家军　张君彪　吴长飞　席秋实／编著

编著者（排名不分先后）

田康生　周　焰　陈劲松　陈　新　郭乐江
代科学　李灵芝　毕　钰　黄　鹏　黄伟平
吴为华　黎　慧　关泽文　韩春耀　李　凡
张　凯　夏　亮

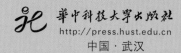

华中科技大学出版社
http://press.hust.edu.cn
中国·武汉

内 容 简 介

　　临近空间高超声速飞行器轨迹预测,是一件十分有趣且又极具挑战的事情,涉及目标跟踪、信息融合、人工智能等多学科领域。本著作从目标运动特性分析建模、目标跟踪算法、典型轨迹预测方法等方面进行突破,有望推动飞行器轨迹预测理论的进一步完善。

　　本著作可以作为高超声速飞行器目标探测与轨迹分析预测领域科研人员的借鉴和参考。感兴趣的学者,可以利用本书总结的方法快速获得与其研究相关的轨迹预测理论与仿真,从而更快突破核心难题,支撑聚焦创新前沿。

图书在版编目(CIP)数据

　　临近空间高超声速飞行器轨迹预测技术/兰旭辉等编著.—武汉:华中科技大学出版社,2022.11
　　ISBN 978-7-5680-8876-3

　　Ⅰ.①临…　Ⅱ.①兰…　Ⅲ.①高超音速飞行器-航迹-预测　Ⅳ.①V47

中国版本图书馆 CIP 数据核字(2022)第 211256 号

临近空间高超声速飞行器轨迹预测技术　　　　兰旭辉　熊家军　张君彪
Linjin Kongjian Gaochao Shengsu Feixingqi Guiji Yuce Jishu　吴长飞　席秋实　编著

策划编辑:王汉江
责任编辑:刘艳花　李　昊
封面设计:原色设计
责任校对:王亚钦
责任监印:周治超
出版发行:华中科技大学出版社(中国·武汉)　　电话:(027)81321913
　　　　　武汉市东湖新技术开发区华工科技园　　邮编:430223
录　　排:武汉市洪山区佳年华文印部
印　　刷:武汉科源印刷设计有限公司
开　　本:710mm×1000mm　1/16
印　　张:10.75　插页2
字　　数:212千字
版　　次:2022 年 11 月第 1 版第 1 次印刷
定　　价:52.00 元

临近空间高超声速飞行器轨迹预测属于多传感器信息融合技术领域,随着该类飞行器的快速发展,国内外众多学者从不同技术路线对其运动轨迹开展研究,经过近几年的不断研究和发展,轨迹预测技术已成功应用于众多军用和民用领域。然而,临近空间高超声速飞行器运动方式独特、运动轨迹多变,如何对其轨迹进行准确有效地预测,还需要在目标运动特性分析、轨迹跟踪算法、轨迹预测方法等方面进行突破。

本书主要围绕临近空间高超声速滑翔飞行器轨迹跟踪及预测技术展开,全书共四个部分,共 7 章。

第一部分为临近空间高超声速飞行器轨迹预测基础。该部分着重介绍高超声速飞行器概况,分析了国内外关于运动特性、目标跟踪和轨迹预测的研究现状;研究了临近空间高超声速飞行器的运动规律,分析了典型飞行器的气动力系数特征,揭示了临近空间高超声速飞行器目标的运动规律,给出了临近空间高超声速飞行器目标运动轨迹具有可预测性的判断。本部分包括第 1 章、第 2 章。

第二部分为临近空间高超声速飞行器轨迹目标跟踪技术。该部分分析了一种基于衰减振荡函数的新型机动模型,结合卡尔曼滤波算法推导了该模型的系统误差,并讨论了参数的取值及自适应方法;分析了飞行器在上升及下降阶段的受力情况,解释了临近空间高超声速飞行器跳跃滑翔的飞行机理,对气动加速度进行衰减振荡相关建模。本部分包括第 3 章、第 4 章。

第三部分为临近空间高超声速飞行器轨迹预测技术。该部分针对临近空间高超声速飞行器两种典型控制模式下的轨迹预测问题,设计相应机动模式下的轨迹预测算法;分析了影响运动规律认知的关键因素,通过跟踪模型实时估计临近空间高超声速飞行器的预测参数取值。本部分包括第 5 章、第 6 章。

第四部分为总结本书的主要内容,并展望了需要进一步深入研究的相关技术工作。本部分包括第 7 章。

本书是作者在临近空间高超声速飞行器轨迹预测技术领域研究的部分成果,参与该内容研究的有兰旭辉教授、熊家军教授、田康生教授、周焰教授、陈劲松副教授、吴长飞副教授、郭乐江副教授、陈新副教授、代科学副教授、李灵芝副教授、吴为华副教授、黎慧副教授、黄鹏、黄伟平、毕钰、关泽文等老师,韩春耀、李凡、张君彪、席秋实、张凯、夏亮等博士研究生。他们参与了相关课题的研究,在本书出版过程中负责了部分章节理论梳理、算法仿真及审核校对等工作,在此也对课题组的全体同志多年来的辛勤付出表示感谢。

由于作者理论水平有限以及研究工作的局限性,特别是轨迹预测技术本身正处于不断发展之中,书中定会存在一些不足和不完善之处,诚挚欢迎广大读者批评指正。

作　者

2022 年 11 月

CONTENTS

目 录

第1章

绪论

随着高超声速技术的发展,临近空间高超声速飞行器已逐步由概念论证阶段进入实际部署阶段,其凭借强大的纵深穿透能力、精确打击能力、侵彻贯穿能力,成为世界各军事大国竞争博弈的焦点,打破了传统的战略攻防平衡体系。近年来,以美俄为首的军事大国加大开展高超声速飞行器的核心技术和攻防体系研究,逐步迈入工程研制阶段,并不断有印、法、日、英等国家加入高超声速飞行器的研制行列。在 2022 年俄乌战争中,俄罗斯发射了"匕首"高超声速导弹精确打击了乌克兰的重要军事目标,这意味着高超声速武器已经应用于实战。可以预见,未来几年高超声速技术领域的竞争将越发激烈,各国空天安全将面临新的挑战。高超声速飞行器的实时运动轨迹信息将是实施拦截防御的前提条件,是重要的战场情报。

本书以高超声速飞行器为研究对象,重点介绍了高超声速飞行器的机动特性、轨迹跟踪方法和轨迹预测方法,最后讨论了高超声速飞行器防御技术的难点及发展趋势。

1.1　高超声速飞行器概况

临近空间高超声速飞行器是指以 5 马赫(Ma,1 马赫≈340.3 米/秒)以上的速度飞行在 20 km～100 km 空域的飞行器。这种飞行器兼具战略威慑和战术打击能力,具有机动性高、航程远、速度快、打击准等特点。根据飞行机理和动力源的不同,高超声速飞行器大致可以分为两类:吸气巡航式飞行器和助推滑翔式飞行器。

1. 美国高超声速飞行器发展概况

美国是最早开始研究高超声速飞行器的国家之一,有深厚的技术积累。近年来,美国持续加大对高超声速飞行器的科研资金投入,加速推进高超声速武器的研制部署。2020 年,美国申请的高超声速武器预算经费为 26 亿美元。2021 年,美国申请的高超声速武器预算经费已经达到 32 亿美元[1]。而 2022 年,美国高超声速武器预算经费高达 38 亿美元,较 2021 年增长近 19%,较 2020 年增长近 46%。截至 2021 年,美国在研的高超声速武器项目主要包括吸气巡航式和助推滑翔式两个类别,图 1.1 所示的是部分美国主要的高超声速武器项目。美国陆军、海军和空军都有各自所属的高超项目,其对应的类别、性能等具体内容如表 1.1 所示[2]。可以看出,助推滑翔式高超声速武器的在研项目最多,装备的研制进程更为成熟,且覆盖了陆海空三军。2020 年,美国首次公开高超声速作战室,旨在统筹高超声速的工业建设,支撑美国高超声速武器的研究部署。

（a）CPS示意图

（b）LRHW示意图

（c）TBG示意图

（d）OpFires示意图

图 1.1　美国主要高超声速武器

| （e）ARRW示意图 | （f）HAWC示意图 |

续图 1.1

表 1.1 美国在研的高超项目清单

类别	项目名称	主管单位	属性	性能指标	方案
助推滑翔式	常规快速打击（CPS）	海军	型号研制	速度为 7～9 Ma，最大射程为 3000 km～4000 km	双锥体布局
	远程高超声速武器（LRHW）	陆军	型号研制	速度为 12～17 Ma，最大射程为 3000 km～4000 km	双锥体布局
	战术助推滑翔器（TBG）	空军	演示验证	最大速度约为 9 Ma，最大射程为 1000 km～2000 km	扁平面对称布局
	作战火力（OpFires）	陆军	演示验证	速度约为 9 Ma，最大射程为 1000 km～2000 km	扁平面对称布局
	空射快速响应武器（ARRW）	空军	型号研制	速度约为 8 Ma，最大射程为 1000 km～2000 km	扁平面对称布局
吸气巡航式	高超声速吸气式武器概念（HAWC）	空军	演示验证	速度约为 6 Ma，最大射程为 600 km～1000 km	双模态超燃
	高超声速攻击巡航导弹（HACM）	空军	型号研制	速度约为 6 Ma，最大射程为 600 km～1000 km	基于 HAWC
	高超声速飞机验证（HyFly2）	国防部	演示验证	速度约为 6 Ma	双燃烧室超燃

2. 俄罗斯高超声速飞行器发展概况

为加强战略威慑能力，俄罗斯持续推进高超声速武器装备的研制和部署，意图抢占高超领域方面的发展优势。2017 年,俄罗斯研制的"匕首"高超导弹进行战斗执勤。2019 年,俄罗斯宣布"先锋"高超导弹列装,并进入执勤状态。截至 2021 年,俄罗斯已经多次成功开展了"锆石"高超导弹的试射,验证其关键技术战术指标。图 1.2 和表 1.2 所示的是俄罗斯的高超声速武器主要概况。可以看出,俄罗斯已经服役的"匕首"和"先锋"导弹均属于助推滑翔式高超声速飞行器。

（a）"匕首"导弹示意图

（b）"先锋"导弹示意图

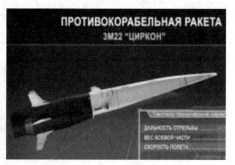

（c）"锆石"导弹示意图

图 1.2　俄罗斯主要高超声速武器

表 1.2　俄罗斯高超项目清单

类别	项目名称	状态	发射平台	性能指标	进度
助推滑翔式	"匕首"高超声速导弹	已列装服役	空基平台发射	最大速度为 10 Ma，最大射程超过 2000 km	2017 年已完成
	"先锋"高超声速导弹	已列装服役	陆基平台发射	速度为 20 Ma～27 Ma，最大射程超过 5000 km	2019 年已完成
吸气巡航式	"锆石"高超声速导弹	未列装服役	海基平台发射	最大速度约为 9 Ma，最大射程为 400 km～1000 km	预计 2023 年完成

俄罗斯在 2022 年发动的俄乌战争中，将"匕首"高超声速导弹用于实战，精确制导打击摧毁了乌克兰的重要军事目标，同时也有效震慑了北约。

3. 其他国家高超声速飞行器发展概况

此外，法国在 2021 年开展了 V-MAX 高超声速滑翔弹的试飞，飞行高度为 60～80 km。日本在 2022 年为高超声速助推滑翔弹投入 1.27 亿美元的研制资金。朝鲜在 2021 年成功试射了"火星-8"高超声速导弹。

从技术方案来看，吸气式巡航飞行器依赖于超然冲压技术发展，其技术成熟度相对较低，且飞行速度较小。助推滑翔飞行器技术成熟度较高、打击距离远、飞行马赫数较大，且具有核/常兼备打击能力。结合在研项目/计划情况来看，助推滑翔飞行器是当前的研究重点，因此，本书重点针对高超声速滑翔飞行器（hypersonic gliding vehicle，HGV）跟踪及轨迹预测问题开展研究。

1.2　国内外研究现状

1.2.1　运动特性研究现状

HGV 目标运动特性既与 HGV 目标的结构特性相关，也与 HGV 目标的控制特性有关，同时还与 HGV 目标的运动环境密切相关。因此，HGV 目标运动特性研究涉及多学科的交叉融合。另外，HGV 目标运动特性的研究成果关系到 HGV 目标运动轨迹是否具有可预测性，同时也直接影响 HGV 目标跟踪技术和轨迹预测技术的构建方法和途径。因此，HGV 目标运动特性研究是 HGV 目标轨迹跟踪和预测研究的重要基础性课题。目前,有关 HGV 目标运动特性的研究主要从进攻方的设计视角展开。

HGV 的飞行过程可以描述为:首先利用助推运载器将滑翔飞行器送到预定的状态,滑翔飞行器与助推运载器分离;然后滑翔飞行器通过变轨拉起进入滑翔状态,依靠气动升力在临近空间远距离滑翔;最后在末制导的引导下俯冲至目标,完成攻击。整个过程包括助推段、变轨段、滑翔段以及下压段。在助推段和下压段中,HGV 目标与弹道导弹目标具有类似的运动特性,但是,在滑翔段中,HGV 目标显著区别于弹道导弹目标。HGV 目标的滑翔段占整个飞行过程的大部分时间,并且 HGV 目标处于滑翔段时是防御作战有可能有效拦截摧毁目标的重要窗口期。因此,本书重点关注 HGV 目标滑翔段的运动特性。

1. 运动微分方程研究

目标的运动微分方程能够全面、准确的描述目标的运动,提供目标准确的运动状态参数。HGV 目标的运动微分方程是进行运动特性分析的前提,也是飞行器设计以及理论运动轨迹仿真数据的基础。HGV 的本质是一种高升阻比的升力式再入飞行器(lift reentry vehicle,LRV)。考虑到恶劣的飞行环境、复杂的气动力特性和高超声速等因素的影响,HGV 运动具有非线性和动力耦合的特点。精准的运动微分方程形式复杂,本书主要参考的 HGV 运动微分方程有三自由度运动微分方程、简化的再入段平面运动微分方程[3]。

2. 滑翔弹道类型研究

HGV 在滑翔段常见的两类滑翔弹道类型是平衡滑翔和跳跃滑翔[4]。1949年,钱学森提出的采用助推滑翔方案的高超声速火箭飞机方案,就是采用了平衡滑翔的模式。奥地利科学家 Sanger 在 1938 年首次提出跳跃滑翔方案[5],设计的火箭助推环球轰炸机模型银鸟(silvervogel)采用了跳跃式再入飞行方式,可执行飞越半个地球的飞行任务。两者差异主要集中在滑翔段运动轨迹的特征:前者采用了几乎没有波动的平坦滑翔下降轨迹;而后者的运动轨迹则具有一定跳跃和波动幅度的特征。

针对两种滑翔弹道的弹道特性,国防科技大学的陈小庆、李广华、张洪波、汤国建等学者进行了系统研究,分析了跳跃滑翔运动轨迹形成的原因,揭示了平衡滑翔与跳跃滑翔之间的联系,同时分析了影响运动轨迹的各种因素[6,7]。文献[8]研究了跳跃滑翔时运动轨迹的运动包络和跳跃周期的变化规律。

在 HGV 滑翔弹道与弹道导弹椭圆弹道的对比方面,文献[9]分别分析了初始速度和升阻比参数对椭圆弹道与滑翔弹道的射程与飞行时间的影响。该文献认为,在初始能量一定且具有较大初始速度的条件下,采用高升阻比的滑翔弹道射程更远；而在射程一定的条件下，以最小能量为优化目标求解优化弹道，采用椭圆弹道方案的时间消耗最短。

3. 轨迹优化研究

除了直接与运动特性的相关研究，关于 HGV 轨迹优化的研究成果同样有助于理解目标的运动规律，有助于构建预测模型。受约束条件的限制，HGV 为达到某个优化目标时，如射程最大、突防能力加强等，HGV 目标的控制律具有一定的特征，运动轨迹表现出特定的机动模式。HGV 在运动过程中需要满足多种约束条件，主要包括过程约束和端点约束，前者包括气动热、过载、动压、控制约束、航路点约束、禁飞区约束，后者包括起点约束、终点约束[10]，控制变量常具有一定的规律，如攻角常采用线性化的分段函数[11,12]。

文献[13]提出了大空域机动以及全程机动的策略，根据禁飞区和航路点的分布和类型设计了多种突防弹道，包括半圆机动、单 S 机动、横向蛇形机动、滑翔跳跃机动等，这些先验信息均有助于实施轨迹预测。文献[14]证明了射程最优的滑翔弹道是最大升阻比平衡滑翔条件下的弹道，且最大升阻比平衡滑翔条件下的射程与最大升阻比条件下的射程近似，两者偏差小于 1%。文献[4]和文献[15]从轨迹优化的角度，以能耗和飞行时间为评价指标，对比分析定速巡航与跳跃飞行两种方案，认为后者具有节能和快速抵达的优势。

综上所述，国内外学者主要从设计方视角对 HGV 的目标运动特性、轨迹优化方法等开展了大量研究，也取得了丰硕的研究成果。但是，鲜有从防御方视角研究 HGV 目标运动轨迹特性问题。因此，防御作战急需研究 HGV 目标运动轨迹规律，特别需要全面系统地分析 HGV 目标的滑翔弹道特性、运动轨迹几何特征、机动转弯半径特性、跳跃滑翔弹道射程特性和运动可达区域范围等揭示 HGV 目标运动规律的重要特性，为 HGV 目标运动轨迹跟踪和预测研究奠定了坚实的理论基础。

1.2.2 轨迹跟踪研究现状

HGV 跟踪是基于高速高机动目标跟踪基础之上[16]，而机动目标跟踪的关键在于从量测信息中最优的提取有关目标运动状态的有用信息[17]，其主要挑战在于目标运动的不确定性及目标观测的不确定性。

如图 1.3 所示，从系统的角度来看，机动目标跟踪问题相当于一个黑箱系统的描述问题。黑箱系统输入为前一时刻目标状态信息、控制信息及噪声信息等，其输出为当前时刻目标的状态信息，但存在过程噪声、观测噪声的误差。因此，目标跟踪可转化为在已知部分系统输入及先验信息的条件下，如何得到更加精确的系统

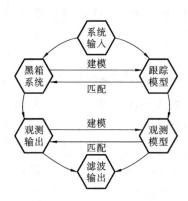

图 1.3　机动目标跟踪机理

滤波输出[18]。其机理是基于黑箱系统的先验信息,抽象得到系统的一般规律并建立跟踪模型,通过跟踪模型近似黑箱系统的特征得到系统滤波输出,跟踪模型类似于系统的传递函数,描述了系统输入与输出之间的关系(主要是运动状态量之间的关系),由于已知的系统输入信息不完整、系统存在不确定性、观测存在噪声等原因,需要通过滤波算法得到最终的系统滤波输出。综合来看,机动目标跟踪包括两个部分:一是对未知系统建立跟踪模型,并基于该模型得到状态一步预测;二是对状态一步预测输出进行滤波,减小量测误差的

影响[19]。一方面,跟踪模型决定了系统滤波输出的趋势和走向,滤波修正局部误差主要是观测噪声误差,因此,在观测数据有限的情况下,好的模型至关重要[20]。另一方面,滤波算法对不同系统具有较强的适应性,其发展依赖于统计数学理论的研究,难度相对较大,因此现有的 HGV 跟踪算法大多是基于模型的[20,21]。HGV 目标与常规机动目标跟踪的主要区别在于其运动特性的不同,而根据 HGV 独特的运动特性建立相应的跟踪模型是当前 HGV 跟踪的研究焦点。

由此可知,跟踪算法主要由跟踪模型与滤波算法组成,其中目标机动建模依赖于运动特性分析,跟踪的对象不同机动模型也存在差别。因此,当前大部分跟踪算法的创新都是基于跟踪模型的。滤波算法主要从量测噪声中提取能描述这一噪声的统计分布特性,受噪声环境影响较大,对不同类型目标有一定的适应性[22]。本节从运动学模型、动力学模型及交互式多(interacting multiple model,IMM)模型三个方面总结归纳前期学者研究成果。

在跟踪模型方面,主要研究目标的运动特性,旨在构建合理的模型表征系统的内部特征。由于模型决定了系统的趋势,因此,建立准确的机动模型是实现有效稳定跟踪的前提条件。如图 1.4 所示,现有 HGV 目标跟踪模型大体分动力学模型及运动学模型为两条线路:一是从运动速度、加速度、加加速度或角速度的角度出发构建运动学模型,通过运动状态在时间维度上的积分得到目标状态估计[23];二是从力产生加速度的角度出发构建的动力学模型,通过对目标所受不同类型的力进行分析,得到不同力产生的加速度,在此基础上对目标状态进行估计[24,25]。

HGV 相对飞机等传统空气动力目标速度更快,相对弹道导弹等再入目标机动性更强。其中,跳跃滑翔相对平衡滑翔机动样式更复杂、机动性能更强,是当前研究的重难点问题。然而跳跃滑翔存在一定的规律性,同时由于速度较大,机体强度存在限制,因此目标难以进行瞬时大机动。此外,由于受到制导控制能力以及稳定

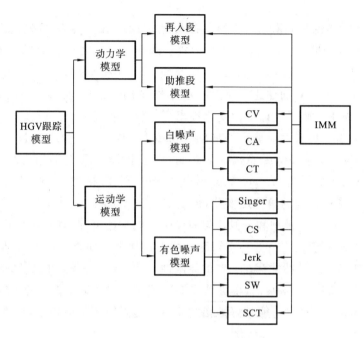

图 1.4 目标跟踪机动模型

性的约束,控制量一般采用简单的控制模式。在高超声速滑翔目标弹道设计与制导中,控制量的变化规律会尽可能的简单[26]。这为跳跃滑翔 HGV 目标跟踪模型建立创造了便利的条件。

1. 运动学模型

运动学模型主要从运动状态的角度描述目标运动特性,其关键问题在于目标运动特性分析的基础上,通过合理的随机过程假设描述目标机动变化,进而对未知运动学参数进行建模[27]。运动学模型是一种通用性较强的跟踪模型,适用于飞机等空气动力目标及弹道导弹等再入目标的跟踪,运动学建模方法通过合理的随机过程假设描述目标机动变化,其本质是在目标运动分析的基础上对未知机动进行统计特性建模,从已知的随机过程中探索能够准确描述目标机动加速度统计特性的分布。按照对随机过程假设的不同大致可以分为以下两类。

第一类是零均值白噪声模型,采用白噪声的随机微动表征运动特性,主要包括匀速(constant velocity,CV)模型、匀加速(constant acceleration,CA)模型、协同转弯(coordinate turn,CT)模型等[28]。该类模型具有形式简单、计算量小、易于工程实现的优点,但对目标机动特性表征过于简单,因此不适合强机动与复杂运动的目标跟踪。一般与有色噪声模型组合成混合噪声的交互式多模型跟踪强机动目标。

第二类是有色噪声模型,认为目标机动之间存在一定的相关关系。其中,Singer模型将机动加速度描述为具有指数衰减的一阶时间相关随机过程,是用于描述介于匀速和匀加速运动[29]。Jerk模型将Singer机动指数衰减的假设对加加速度建模,Jerk模型对加加速度变化较为敏感,适用于强机动目标。周宏仁基于修正瑞利分布描述加速度统计特性变化提出了"当前"统计(current statistical,CS)模型,其本质是一种自适应非零均值的Singer模型,能更加准确的反映加速度实时变化。文献[30]将Singer模型一阶时间相关引入到CT模型的角速度中,设计基于一阶时间相关转弯(singer coordinate turn,SCT)模型的HGV目标跟踪算法,能更好地描述目标的角速度变化,但是仍受到CT模型的限制,机动适应性较差。文献[31]将Jerk模型和分段均匀假设引入到加速度建模中,结合状态扩展和分离差分滤波,实现载入目标稳态跟踪。但上述模型本质都是假设机动指数衰减相关,描述HGV运动特性存在一定的局限性。针对这一问题,文献[32-34]在分析HGV目标运动特性的基础上,将机动周期性相关假设引入跟踪模型,提出了正弦波(sine wave,SW)模型,能较好地描述HGV类周期的运动特性,但目标机动完全服从正弦相关假设过于理想化。

2. 动力学模型

动力学模型主要从运动内部机理(即受力)描述目标运动或气动特性。动力学模型常用于弹道导弹目标的跟踪及弹道预报[35],当前常用的动力学模型主要包括助推段模型和再入段模型等[36]。其中,助推段模型考虑"重力+气动力+推力",再入段模型考虑"重力+气动力"。在目标受力分析的基础上,通过状态增广或输入估计等方法对目标未知气动进行建模[37,38]。其本质是在合理气动参数设计的基础上对目标进行气动力建模,通过对目标进行力学分析推导各方向的气动加速度特性[39,40]。由于目标受力分析分别在不同的坐标系下表达较为简洁,因此,当转换到同一坐标系下需要进行目标状态量增广及估计,但在同一坐标系下的目标机动存在一定程度耦合,同时模型的非线性程度较高。动力学建模方法的物理含义清晰,模型匹配时跟踪精度高,在再入目标跟踪问题中得到了广泛应用。其缺点是需要较多的先验信息,且当气动力变化剧烈或模型不够准确时,跟踪性能会大幅下降。

文献[41]详细推导了传感器坐标系下目标状态方程的独立显性表达式,并讨论了在不同跟踪坐标系下对弹道目标的跟踪性能。文献[42,43]在此基础上分别将其运用于滑翔式载入弹道目标、助推—滑翔载入目标,取得较好效果。文献[44]将目标的周期性特点加入动力学模型中,构建了新的跟踪状态方程。文献[45]将转弯力参数与爬升力参数间的耦合关系作为先验信息运用于 HGV 跟踪,并考虑不同飞行模式下的机动频率变化,跟踪精度、算法适应性及稳定性均有所提升。此外,文献[36]提出了对气动参数的导数建模或离线统计机动模式等途径提高动力学模型精度[46],可以对不同运动方式自适应调整模型。

动力学建模优点在于从弹道设计角度考虑目标机动的产生,模型建立较为合理时能达到较高的估计精度,运动匹配程度高,但先验信息要求较强,模型的适应性较差[47]。

3. 交互式多模型

动力学模型与运动学模型旨在通过单模型描述目标运动,除此以外,Magill 及 Li X R 等人提出了基于单模型组合的 IMM。IMM 并非是一种新的原创模型,而是基于运动学模型与动力学模型之上的应用方法[48]。IMM 认为单个模型不能较好的匹配复杂运动或强机动运动[49,50]。根据先验模型集的设定这类模型分为固定结构多模型(fixed structure multiple model,FSMM)和变结构多模型(variable structure multiple model,VSMM)[51]。

在 FSMM 方面,根据先验信息选取能够覆盖目标运动模式的模型集合,在跟踪过程中不改变滤波结构及参与滤波的机动模型。当前 FSMM 研究重点在于先验模型集合设定,模型状态转移概率自适应等方面。其中,文献[52,53]提出模型转移概率自适应方法,通过新息适时调整转移概率矩阵,使之与目标真实运动模式匹配程度更高,但该方法受先验概率设定影响较大,可能造成某个模型转移概率过大,从而限制模型的转移[54,55]。文献[56]设定了多个不同速率的单模型,实现目标的全速率跟踪,但模型数量较多,会导致模型恶性竞争激烈。文献[57]提出基于多站式交互式多模型跟踪 HGV 目标,验证了结合无迹卡尔曼的 FSMM 跟踪精度优势,但时间冗余问题严重。理论上 FSMM 可以通过先验设定大模型集合覆盖目标真实运动模式,对强机动及复杂机动目标实现高精度跟踪[58],但在实际应用过程中,模型集合太大会造成算法实时性急剧恶化,并且模型性能相近则恶性竞争严重,导致滤波性能较低。针对这一问题主要有两种解决思路:一是针对特定目标运动特性设计简洁高效的先验模型集合,该方法需要深入分析目标运动特性,探讨不同模型对运动模式的匹配程度;二是在滤波过程中实时调整模型集合,即 VSMM,VSMM 对先验信息要求较少,可以通过转移或创造新的模型提高与目标运动的匹配程度,是当前多模型研究的重点。

根据模型集合切换转方法,VSMM 分为基于有向图转换(digrah switching,DS)和自适应网格(adaptive grid,AG)变结构多模型[59]。其中,DS-VSMM 基于图论设计通过合理的模型转换,在一个大模型集合中激活匹配当前运动的模型进行 FSMM 滤波。文献[60]将模型参数与连通图结合设计模型自适应转换策略,提出了 CG-VSMM 解决传统 VSMM 模型组合数少的问题,CG-VSMM 滤波结果更稳定、精度更高,但模型间毗邻关系由先验转移概率决定。AG-VSMM 利用当前滤波结果调整跟踪现有模型的关键参数[61],创造新的模型,理论上 AG-VSMM 模型数量可趋于无限[62],但其效果依赖于参数的自适应更新方法,且对瞬时的强机动适应性较差。

VSMM 极大地增加了模型的组合方式,一定程度缓解了 IMM 模型数量与模型竞争的矛盾,但总体而言,IMM 在 HGV 目标跟踪领域的应用依然依赖于底层模型构建及模型匹配方式创新[63]。

1.2.3 轨迹预测研究现状

轨迹预测是指根据目标的历史轨迹信息结合目标规律估计目标未来运动状态或趋势的过程[64]。轨迹预测是在特定时间下对目标的空间状态估计过程,包含时间属性及空间属性,而预测的准确性由预测误差来衡量[65]。

HGV 较强的机动突防能力,对现役防空反导系统威胁巨大,其轨迹预测难度较大。但这一观点是相对弹道导弹轨迹预测而言的,弹道导弹运动规律简单特别是中段服从简单的二体运动,其轨迹预测精度较高,时间较长[66,67]。HGV 不同于弹道目标,飞行环境复杂,可全程实施控制,机动能力强,飞行方式多样,是典型的非惯性弹道目标,使得防御方精确的轨迹预测非常困难。然而事无绝对,HGV 虽然无法实现弹道导弹的长时间高精度轨迹预测[68],但 HGV 本身具有的一些特点为预测其轨迹提供了可能性。HGV 速度较快、运动惯性较大,很大程度限制了飞行器的机动性能,同时在飞行过程中受过载、动压、热流率、飞行稳定性等因素的制约。此外,HGV 在临近空间内滑翔飞行,具有一定的运动规律,如平衡滑翔的平衡条件,跳跃滑翔的飞行高度类周期振荡。这些特性为一定时间内 HGV 轨迹预测创造了有利条件[69]。

当前就轨迹预测对象而言,现有飞行器轨迹预测主要分为以下两类。

一是针对航空飞机、无人机等低空低速类航空目标轨迹预测[70-72]。这类目标大多采用人工在线控制或在线规划航迹,其飞行轨迹具有明显的航线、航向或任务特征(如对某一区域定期侦查的侦察机航线)[73]。此外,这类目标飞行高度较低(30 km 以下),空气密度大,其运动特性非常复杂,但飞行观测数据累计较多、航线规律较为清晰,针对这类目标的轨迹预测大多从大量的数据出发,采用数据库匹配、神经网络或支持向量机等机器学习类方法挖掘航线规律[74-76]。另外,低空目标飞行速度较低,拦截难度相对较小,对轨迹预测的精度及时长要求相对较低。

二是针对弹道导弹类高空高速目标轨迹预测。弹道导弹飞行高度高、速度快。其中段飞行在太空中仅受引力作用,服从二体运动,具有非常稳定的运动规律[77-79]。因此,弹道导弹类目标轨迹预测可以从运动特性规律出发,采用解析运动方程、函数逼近及数值积分等方法预测轨迹或落点[80-82]。

HGV 目标飞行速度远大于常规飞机,并不具备航线或任务特征,且飞行数据非常少。现有 HGV 轨迹预测算法大多在弹道导弹基础之上进行改进或发展[83,84]。对于弹道类目标轨迹预测的前提在于目标自预测起点开始,其运动在一段时间内遵循或保持当前模式、规律,或推断具有某种作战意图的情况下[85-87],才具备轨迹预测的可能性,对随机或突变等运动难以实现有效预测[88,89]。当前HGV 轨迹预测研究大多基于进攻方视角,即从航迹规划、制导律设计等方面进行,其重点在于优化设计 HGV 制导与控制[90,91]。进攻方先验信息较多、精度较高,轨迹预测难度相对较小。而目标拦截要求从防御方的视角对目标轨迹进行预测,以满足拦截弹的发射条件,但防御方的轨迹预测问题缺乏足够的先验信息,且依赖于预警探测传感器的测量精度,相对难度较大[92]。张洪波等人[80]针对非惯性运动目标提出了解析法、数值积分法及函数逼近法三种经典轨迹预测算法,为后期的HGV 轨迹预测算法奠定了一定的基础。本书在此基础上,从典型控制模式、参数辨识、作战意图推测的角度梳理当前的 HGV 轨迹预测技术发展现状。

1. 基于典型控制模式的轨迹预测

基于典型控制模式的轨迹预测算法的基本思想是在假设 HGV 目标运动模式不变的条件下,根据其运动微分方程求解析解,然后通过外推状态实现轨迹预测[93]。当前弹道导弹落点预报大多采用该算法[94],由于弹道中段采用惯性弹道,导弹飞行服从二体运动,具有显著且简单的运动规律,因此可以通过跟踪数据解析目标运动方程,并外推状态预报落点[95]。但 HGV 运动微分方程存在非线性、且变量耦合等问题,运动微分方程解析解求解困难,需要进一步研究如何利用机动模式的先验信息求解运动微分方程的问题。李广华等人[26]在假设 HGV 控制变量服从一定规律的条件下,对 HGV 典型控制规律下的轨迹预测问题进行了研究。韩春耀等人[96]研究了高超声速滑翔飞行器在平衡滑翔条件下,分析了速度、高度与速度倾角之间的函数关系式,并推导出了常升阻比条件下运动状态与控制参数之间的解析表达式,即目标的控制参数能够用其运动状态表示,那么可以将控制参数扩展到状态变量中,通过跟踪滤波求得目标的控制参数。获得目标的控制参数后,结合目标的运动状态,通过数值积分实现目标弹道预测。

2. 基于参数辨识的轨迹预测

基于参数辨识的轨迹预测关注 HGV 控制参数信息的求解及表征[97]。控制参数决定 HGV 飞行样式、机动模式,因此通过辨识控制参数进而实现轨迹预测是一种极具潜力的方案[98-99]。

在平衡滑翔轨迹预测方面,Lu 等人[100]认为 HGV 准平衡滑翔飞行方案,是一种标准平衡滑翔与高阶项的组合解,在平衡滑翔条件基础上分析了不同阶的解析式误差,但对于 HGV 很难得到其对应的标准平衡滑翔弹道,导致不同阶近似解难以适应 HGV 轨迹预测。平衡滑翔下的轨迹预测的本质是,基于平衡滑翔对控制量的约束进而求解目标近似运动方程。而平衡滑翔下的攻角及倾侧角控制量受到极大限制,相对预测难度较小。跳跃滑翔 HGV 运动相对复杂,控制量设定的自由度较大,导致轨迹预测难度较大,是当前研究的重难点。

在跳跃滑翔轨迹预测方面,张洪波等人[101]认为当前 HGV 存在典型控制模式,假定目标面积、质量、升阻力系数与攻角关系已知的情况下,采用不敏卡尔曼滤波(unscented kalman filer,UKF)进行滤波并直接辨识控制量攻角及倾侧角,此后,采用线性函数对控制量进行拟合,并利用系统方程实现轨迹预测,该算法直接着眼于控制量攻角及倾侧角,在典型控制模式下 HGV 控制量一般具有较好的线性性质。但控制量攻角及倾侧角对于防御方而言很难获取,该算法先验信息假设过于理想化,基本很难实现,很大程度限制了该算法的适用性。由于攻角及倾侧角难以求解的问题,有些方法转向于求解包含控制量信息的其他参量,如升阻比、气动参数等。王路等人[102,103]假设升阻比呈线性形式,并对这一参量进行线性拟合并预测。该算法优点在于升阻比和目标状态联合迭代预测,两者间可以做一定程度修正。但只适用于纵向平面,无法扩展到三维轨迹预测。翟岱亮等人[104,105]定义了一组新的气动参数,通过对该参数的历史数据进行拟合并预测其未来状态,最终预测目标轨迹。该算法实现了三维轨迹预测,在最大升阻比飞行时预测精度较高,但该算法前提假设不适用于飞行器马赫数较大及气动力变化剧烈的情况。

3. 基于作战意图推断的轨迹预测

基于意图推断的轨迹预测算法聚焦于敌方作战意图,是根据敌我双方实时战场态势分析我方最有可能被打击的对象,结合当前 HGV 运动状态规划出可能的打击路径,并预测其轨迹[106,107]。周波等人[108]针对低空飞行器航迹预测问题,研究航迹改变关键点,并结合历史及当前状态信息推断飞行意图,进而预测航迹[109]。张凯等人[110]考虑了弹目距离、打击对象重要程度、禁飞区等影响作战意图的因素(主要是打击意图),并利用贝叶斯理论构建代价函数,结合当前 HGV 飞行状态预测其轨迹。该算法从攻击意图的角度对 HGV 轨迹做出方向性判断。适用于解决中长期的、具有明显任务意图的 HGV 轨迹预测[111]。而攻击意图的判断需要结合战场态势,包含多种人为因素如专家经验、目标重要程度等。因此,该算法难点在于结合战场态势分析攻击意图,量化各类定性因素权值及比重[112]。

总体而言,基于典型控制模式的轨迹预测,其重点在于假设 HGV 在典型控制模式下进行机动且保持控制模式不变,然后对其运动轨迹进行表征;基于参数辨识的轨迹预测,注重控制参数的辨识以及基于防御方的控制信息求解,在假设预测期间控制模式不变的情况下,对模式进行描述;基于作战意图推断的轨迹预测,侧重作战意图的挖掘,允许存在运动规律或控制模式变化,通过规划目标的打击路径进行轨迹预测。

1.3 本书的主要内容及安排

本书主要围绕临近空间高超声速滑翔飞行器轨迹跟踪及预测技术展开,具体章节内容及安排如下。

第 1 章首先介绍了高超声速飞行器概况,综述了国内外关于 HGV 运动特性、目标跟踪和轨迹预测的研究现状,最后给出了本书的章节安排。

第 2 章研究了 HGV 的运动规律,首先建立了 HGV 的运动微分方程,并分析了典型飞行器的气动力系数特征;再从 HGV 目标滑翔弹道特性、运动轨迹几何特征、机动转弯半径特性、跳跃滑翔弹道射程特性和运动可达区域等五个方面揭示了 HGV 目标的运动规律,给出了 HGV 目标运动轨迹具有可预测性的判断。

第 3 章从轨迹运动特征出发分析了 HGV 跳跃滑翔的机动相关性,根据 HGV 轨迹体现的类周期形式分析了其加速度相关特性,并提出一种基于衰减振荡函数的新型机动模型,在此基础上构建了对应的状态方程及过程噪声协方差。为进一步分析该模型性能,结合卡尔曼滤波算法(Kalman filter, KF)推导了该模型的系统误差,并讨论了参数的取值及自适应方法。最后,对比传统运动学跟踪模型进行了一系列仿真分析。

第 4 章分析了飞行器在上升及下降阶段的受力情况,解释了 HGV 跳跃滑翔的飞行机理,在此基础上结合运动微分方程阐明了气动加速度随高度及速度变化。理论分析表明无论控制模式如何变化,气动升力及阻力加速度都呈谐振形式。针对这一特点,对气动加速度进行衰减振荡相关建模。仿真结果表明所提模型对目标运动描述精度高于现有动力学模型。

第 5 章从典型控制模式的思路出发研究了 HGV 轨迹预测的问题。针对 HGV 两种典型控制模式下的轨迹预测问题:一是研究了常升阻比纵向平衡滑翔模式轨迹预测,分析了常升阻比纵向平衡滑翔模式的弹道特性,设计了这种机动模式下的轨迹预测算法;二是研究了常攻角纵向跳跃滑翔模式轨迹预测,在量测坐标系中建立飞行器的运动微分方程,设计了这种机动模式下的轨迹预测算法。并对提出的两种轨迹预测算法的性能进行了仿真实验验证。

第6章从参数辨识的思路出发研究了 HGV 轨迹预测的问题。分析了影响运动规律认知的关键因素:预测参数选择及预测参数描述,结合前期验证了气动加速度具有较为稳定的谐振特性,选择了 HGV 气动加速度作为预测参数,通过跟踪模型实时估计 HGV 的预测参数取值,利用经验小波变换对估计的气动加速度进行去噪处理,并以此作为数据集对注意力卷积长短时记忆网络进行训练,然后利用训练好的网络预测气动加速度未来取值,进而重构 HGV 轨迹。

第7章对本书的主要内容进行总结,并展望了需要进一步深入研究的相关技术工作。

第2章

高超声速飞行器机动特性分析

　　本章主要分析 HGV 具有的运动规律,以及分析产生某种运动规律的决定因素。决定因素是指决定运动轨迹变化的限制条件,它描述了 HGV 运动轨迹不确定性的边界。这些客观存在的运动规律及其决定因素,一方面是判断 HGV 运动轨迹是否具有可预测性的依据;另一方面也是设计 HGV 运动轨迹预测方法的依据。分析 HGV 运动轨迹可为轨迹跟踪及预测提供理论依据。

　　HGV 具有高升阻比气动外形,滑翔段采用非惯性弹道,可借助气动升力在临近空间实施远距离、长时间、高速的滑翔,且可通过调整控制变量攻角和倾侧角实施持续的机动,运动轨迹灵活多变。从防御方视角看,虽然飞行器的机动时机和机动模式未知,建立精准的轨迹预测模型面临困难,但是为保证飞行器稳定可靠飞行,HGV 在飞行过程中需要严格满足控制约束、过程约束和边界约束等限制条件,控制变量遵循一定规律,而并非随机变动。本章从防御方视角,以 HGV 目标运动微分方程为基础,从滑翔弹道特性、运动轨迹几何特征、机动转弯半径特性、跳跃滑翔弹道射程特性和运动可达区域范围等方面对 HGV 运动特性进行系统分析。

2.1 高超声速滑翔飞行器轨迹生成

2.1.1 常用坐标系

1. 地理坐标系

地理坐标系,用经度、纬度、高度(B、L、H)表示目标的位置。

2. 地心地固坐标系

地心地固坐标系,是与地球固联的坐标系。坐标原点 O_E 为地心,O_EZ 轴垂直于赤道平面并指向北极,O_EX 轴在赤道平面内且过本初子午线,指向本初子午线,O_EX 轴、O_EY 轴和 O_EZ 轴构成右手直角坐标系。

3. 东北天坐标系

东北天坐标系。坐标原点 O_S 为观测站天线或者镜头胶片的中心,O_Sx 轴垂直于原点 O_S 所在子午面,指向地球自转方向,O_Sy 轴为原点 O_S 所在水平面与所在子午面的交线,指向北极,O_Sz 轴与 O_Sx 轴和 O_Sy 轴构成右手直角坐标系。当地球模型建模为圆球时,ECEF 坐标系与 ENU 坐标系的关系如图 2.1 所示。

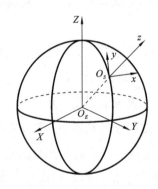

图 2.1 ECEF 坐标系与 ENU 坐标系

4. 半速度坐标系

半速度坐标系,也称为 VTC 坐标系,坐标原点为飞行器的质心 o_1,o_1x_h 轴与飞行器速度方向一致,o_1y_h 轴在过 o_1 的当地水平面且垂直于 o_1x_h 轴,沿 o_1x_h 轴方向看,指向左侧,o_1z_h 轴垂直于 o_1-x_hy_h 平面,构成右手直角坐标系。

5. 速度坐标系

速度坐标系，原点 o_1 为飞行器的质心，o_1x_v 轴与速度方向一致，o_1y_v 轴在飞行器的主对称平面内且垂直于 o_1x_v 轴，向上为正，o_1z_v 轴垂直于 $x_vo_1y_v$ 平面，o_1x_v 轴、o_1y_v 轴和 o_1z_v 轴构成右手直角坐标系。

2.1.2 高超声速滑翔飞行器运动方程

为获得能够反映 HGV 滑翔段动力系统的运动轨迹，根据 HGV 在滑翔段的受力情况，建立 HGV 滑翔段的运动微分方程。在考虑地球自转和地球扁率的条件下，在半速度坐标系中求解 HGV 在滑翔段的运动微分方程[113]，如式（2.1）所示：

$$
\begin{cases}
\dot{V} = -\dfrac{D}{m} + g'_r\sin\theta + g_{we}(\cos\sigma\cos\theta\cos\phi + \sin\theta\sin\phi) \\
\qquad + \omega_e^2 r(\cos^2\phi\sin\theta - \cos\phi\sin\phi\cos\sigma\cos\theta) \\[4pt]
\dot{\theta} = \dfrac{L\cos\nu}{mV} - \dfrac{g'_r\cos\theta}{V} + \dfrac{V\cos\theta}{r} \\
\qquad + \dfrac{\omega_e^2 r}{V}(\cos\phi\sin\phi\cos\sigma\sin\theta + \cos^2\phi\cos\theta) + 2\omega_e\sin\sigma\cos\phi \\[4pt]
\dot{\sigma} = \dfrac{L\sin\nu}{mV\cos\theta} + \dfrac{V\tan\phi\cos\theta\sin\sigma}{r} + \dfrac{\omega_e^2 r(\cos\phi\sin\phi\sin\sigma)}{V\cos\theta} \\
\qquad - \dfrac{g_{we}\sin\sigma\cos\phi}{V\cos\theta} + 2\omega_e(\sin\phi - \cos\sigma\tan\theta\cos\phi) \\[4pt]
\dot{r} = V\sin\theta \\[4pt]
\dot{\lambda} = \dfrac{V\cos\theta\sin\sigma}{r\cos\phi} \\[4pt]
\dot{\phi} = \dfrac{V\cos\theta\cos\sigma}{r}
\end{cases}
\tag{2.1}
$$

式中：V 为速度，θ 为速度倾角，σ 为速度方位角，r 为地心至目标质心的距离，λ 为经度，ϕ 为纬度，这六个变量描述目标的运动状态；ν 为倾侧角且为控制量，ω_e 为地球自转角速度，g'_r 为地球引力加速度在地心距方向的分量，g_{we} 为地心引力加速度在地球自转角速度方向的分量，L 为总升力，D 为气动阻力，m 为飞行器质量。

阻力和总升力的计算方法如式（2.2）所示：

$$
\begin{cases}
D = C_D qS \\
L = C_L qS
\end{cases}
\tag{2.2}
$$

式中：C_D、C_L 为阻力系数和升力系数，两个系数是与控制量攻角 α 和马赫数 Ma 相关的函数，q 为动压，S 为飞行器的参考面积。

g'_r 与 $g_{\omega e}$ 的计算方法如下式:

$$
\begin{cases}
g'_r = -\dfrac{fM}{r^2}\left[1+J\left(\dfrac{a_e}{r}\right)^2(1-5\sin^2\phi)\right] \\
g_{\omega e} = -\dfrac{2fM}{r^2}J\left(\dfrac{a_e}{r}\right)^2\sin\phi
\end{cases}
\tag{2.3}
$$

式中:$fM=\mu$,称为地球引力系数,$\mu=3.986005\times10^{14}$,$J=1.5J_2=1.62395\times10^{-3}$ 为地球引力二阶带谐项系数,$a_e=6378140$ m 为地球椭球长半轴。

考虑地球自转和扁率使得运动微分方程更加复杂,在分析运动特性或求解弹道时将带来困难。若不考虑地球自转和扁率,此时 $g'_r=-g$,$g_{\omega e}=0$,HGV 在半速度坐标系中的运动微分方程如式(2.4)所示:

$$
\begin{cases}
\dot{r} = V\sin\theta \\
\dot{\lambda} = \dfrac{V\cos\theta\sin\sigma}{r\cos\phi} \\
\dot{\phi} = \dfrac{V\cos\theta\cos\sigma}{r} \\
\dot{V} = -\dfrac{D}{m}-g\sin\theta \\
\dot{\theta} = \dfrac{L\cos\upsilon}{mv}+\dfrac{V\cos\theta}{r}-\dfrac{g\cos\theta}{V} \\
\dot{\sigma} = \dfrac{L\sin\upsilon}{mV\cos\theta}+\dfrac{V\cos\theta\sin\sigma\tan\phi}{r}
\end{cases}
\tag{2.4}
$$

在式(2.1)和式(2.4)描述的运动微分方程中,飞行器的位置用地理坐标 (r,λ,ϕ) 表示,是在三维空间中的位置。在分析飞行器在纵向平面中的运动时,假设飞行器在同一纵向平面内运动,即倾侧角 $\upsilon=0°$,飞行器的运动微分方程描述为

$$
\begin{cases}
\dfrac{\mathrm{d}r}{\mathrm{d}t} = V\sin\theta \\
\dfrac{\mathrm{d}V}{\mathrm{d}t} = -\dfrac{D}{m}-g\sin\theta \\
\dfrac{\mathrm{d}\Phi}{\mathrm{d}t} = \dfrac{V}{r}\cos\theta \\
\dfrac{\mathrm{d}\theta}{\mathrm{d}t} = \dfrac{L}{mV}+\dfrac{1}{V}\left(\dfrac{V^2}{r}-g\right)\cos\theta
\end{cases}
\tag{2.5}
$$

式中:Φ 为射程角,则 Φr_e 为射程,r_e 为地球平均半径。

攻角 α 和倾侧角 υ 与气动力密切相关,是飞行器的控制量。攻角的大小决定升力的大小,通过构造攻角模型实现目标的纵向机动;倾侧角的大小决定目标升力

在横向的分量,通过构造倾侧角的模型实现目标的横向机动。当然控制量的大小不是随机设置的,在飞行过程中,目标还要受到热流、动压、过载、稳定等约束条件,控制量的设置要遵循一定规律。如果飞行器参数已知,并且可以构造出目标的控制规律,那么在防御作战过程中只要识别出反映控制规律的关键参数,那么就可以基于运动微分方程实现轨迹预测。

运动微分方程是目标动力系统的精准的数学模型,HGV 在滑翔段的运动微分方程描述了 HGV 在滑翔段运动状态转换所遵循的规律。在已知 HGV 初始状态和控制变量的条件下可通过数值积分运算外推运动轨迹,由于在滑翔段时刻遵循该运动微分方程,因此,在滑翔段的任一时刻的状态均可作为外推的起点。

2.1.3　高超声速滑翔飞行器气动特性

1. 典型高超声速滑翔飞行器气动力系数分析

如式(2-1)所示,运动微分方程中包含未知的飞行器参数,为此,我们选用已公布典型 HGV 为参考,设置运动微分方程中的未知参数。将美国洛克希德·马丁公司设计的高超声速飞行器 CAV-H[114](见图 2.2)作为典型 HGV,基于 CAV-H 的参数和运动微分方程生成仿真实验所需的运动轨迹数据。CAV-H 的质量为 907.2 kg,长度为 2.7178 m～3.6576 m,参考面积为 0.4839 m^2,最大热流密度 $\dot{Q}_{max}$ 设置为 6000 kW/m^2,最大动压 q_{max} 设置为 45 kPa,最大过载 n_{max} 设置为 4。升力系数、阻力系数以及升阻比数据如表 2.1 至表 2.3 所示,其表示 CAV-H 在特定的攻角和马赫数条件下对应的升力系数、阻力系数、升阻比数据。

图 2.2　CAV-H

表 2.1　CAV-H 升力系数

攻角/(°)	马赫数/Ma						
	3.5	5	8	10	15	20	23
10	0.4500	0.4250	0.4000	0.3800	0.3700	0.3600	0.3500
15	0.7400	0.7000	0.6700	0.6300	0.6000	0.5700	0.5570
20	1.0500	1.0000	0.9500	0.9000	0.8500	0.8000	0.7800

表 2.2　CAV-H 阻力系数

攻角/(°)	马赫数/Ma						
	3.5	5	8	10	15	20	23
10	0.2045	0.1700	0.1290	0.1090	0.1090	0.1090	0.1090
15	0.2960	0.2630	0.2240	0.1970	0.1950	0.1920	0.1920
20	0.4770	0.4230	0.3540	0.3100	0.3050	0.3000	0.3000

表 2.3　CAV-H 升阻比

攻角/(°)	马赫数/Ma						
	3.5	5	8	10	15	20	23
10	2.2000	2.5000	3.1000	3.5000	3.3846	3.2692	3.2000
15	2.5000	2.6616	2.9846	3.2000	3.0846	2.9692	2.9000
20	2.2000	2.3616	2.6846	2.9000	2.7846	2.6692	2.6000

在滑翔段,气动力是飞行器主要受力之一,而气动力系数是决定气动力的重要参数。由上述三个表格可见气动力系数是关于自变量马赫数和攻角的函数,但表格中只给出了变量相关关系的离散形式,因此需要建立气动力系数模型,为运动轨迹生成奠定基础。气动力系数通常建模为关于攻角的函数[115]。

升力系数与攻角的关系如图 2.3 所示,升力系数与攻角为线性关系[116],升力系数可建模为

$$
\begin{cases}
C_L = C_{L0} + C_{L1}\alpha \\
C_{L0} = -0.1260 C_{L1} = 2.9425
\end{cases} \tag{2.6}
$$

式中:角度的单位为弧度(rad),在画图时为方便理解角度单位使用度(°),模型参数通过最小二乘法辨识获得,图 2.3 中的加粗黑线为拟合结果。

阻力系数与攻角的关系如图 2.4 所示,阻力系数通常建模为攻角的二次函数关系,阻力系数的模型如式(2.7)所示,同样通过最小二乘法辨识模型参数:

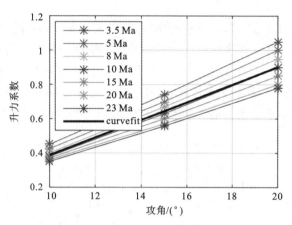

图 2.3　升力系数随攻角的变化

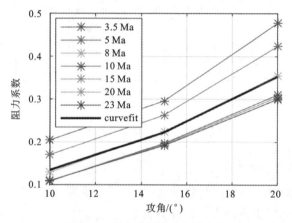

图 2.4　阻力系数随攻角的变化

$$\begin{cases} C_D = C_{D0} + C_{D1}\alpha + C_{D2}\alpha^2 \\ C_{D0} = 0.0834\ C_{D1} = -0.1876\ C_{D2} = 2.7484 \end{cases} \tag{2.7}$$

气动力系数受攻角和速度两个变量的影响,我们将气动力系数建模为只关于攻角的模型,势必影响模型精度。表 2.4 所示的是升力系数模型和阻力系数模型的误差,校正决定系数分别为 0.8989 和 0.7494,说明气动力系数模型能够反映决定气动力系数变化的主要因素。

表 2.4　气动力系数模型的拟合误差

系　　数	和　方　差	确　定　系　数	均　方　根
CL	0.0980	0.8989	0.0718
CD	0.0492	0.7494	0.0523

升阻比为升力系数与阻力系数的比值,高升阻比是 HGV 的显著特征,现根据升力系数和阻力系数的模型计算飞行器的升阻比特性。升阻比与攻角的关系如图 2.5 所示。由此可见,升阻比与攻角存在非线性关系,随攻角的增加,升阻比先增加再减小,存在使升阻比最大的攻角,攻角在 $10°\sim15°$ 之间时升阻比处于波峰。模型中建立的气动力系数模型最大升阻比为 2.9774,使升阻比最大的攻角为 12.3°。

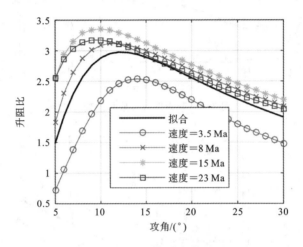

图 2.5 升阻比与攻角的关系

2. 运动轨迹仿真数据

由于 HGV 尚处于研发测试阶段,没有公开权威的 HGV 运动轨迹数据集,作为防御方研究 HGV 轨迹预测问题在分析目标运动特性和检验轨迹预测方法时,面临缺乏 HGV 运动轨迹数据的问题。为此,需要通过仿真方法生成研究过程中所需的运动轨迹数据。

运动轨迹仿真数据是对真实目标运动轨迹的模拟,为使运动轨迹仿真数据起到良好的替代效果,运动轨迹仿真数据要满足以下条件:一是与 HGV 的客观运动特性相符,如目标速度、高度等要素要与真实情况一致;二是对 HGV 可能的运动轨迹有较好的覆盖,使运动轨迹仿真数据更具一般性;三是根据文献或报道中 HGV 的测试信息评估运动轨迹仿真数据,验证其合理性。

为此,本书根据 HGV 在滑翔段的运动微分方程通过数值积分的方法生成运动轨迹仿真数据。运动微分方程是对目标动力系统的数学模型,所以通过数值积分法生成的运动轨迹数据能够反映目标的运动特性。

同时考虑的运动微分方程中包含飞行器参数和控制参数,且飞行器需要满足过载、热流、动压等约束条件,选择典型 HGV 验证项目的飞行器参数及约束条件,控制参数则根据轨迹预测方法的适用条件设置。HGV 的飞行器参数已在前面论述,现在主要介绍控制参数和运动微分方程初始状态的设置。

为满足 HGV 滑翔过程中的设计要求,飞行器的控制变量要在控制极限范围内,并且调整速率也应满足要求。HGV 的控制变量包括飞行器攻角 α 和倾侧角 υ,两个控制变量的约束条件设置如下:

$$\begin{cases} 0<\alpha<20°, -1°/s<\dot{\alpha}<1°/s \\ -70°<\upsilon<70°, -10°/s<\dot{\upsilon}<10°/s \end{cases} \tag{2.8}$$

所谓运动微分方程的初始状态,并不是指滑翔段的起点,由于 HGV 在滑翔段时刻满足运动微分方程,因此,理论上滑翔段的任何一点都可作为初始状态。

2.2　高超声速滑翔飞行器运动规律

运动规律分析就是要找出目标运动规律及其产生某种运动规律的决定因素,从而判定 HGV 目标的运动轨迹是否具有可预测性。下面选择能够揭示 HGV 目标运动规律的四个方面进行系统的分析。

2.2.1　滑翔弹道特性

HGV 在滑翔段有两种弹道形式:平衡滑翔和跳跃滑翔。平衡滑翔弹道也称为钱学森弹道,或者称为再入平坦滑翔弹道,1949 年钱学森在美国加州理工学院喷气推进实验室设计的高超声速火箭飞机就是采用这类弹道,是一种几乎没有波动的平坦滑翔下降弹道。Sanger 弹道(桑格尔弹道)也称为再入跳跃滑翔弹道,采用一种具有一定跳跃、波动幅度的滑翔弹道。采用 Sanger 弹道的飞行器借助高升阻比的气动外形,能够实现大范围的横向机动和纵向机动。图 2.6 所示的是滑翔弹道类型示意图。这两类弹道在外在形态上具有显著差异,可将这些运动特征运用到轨迹预测中。

1. 平衡滑翔弹道特性

平衡滑翔是指 HGV 在大气层内无动力飞行时,在任意时刻,飞行器所受的重力、升力以及离心力在半速度坐标系的 $o_1 y_h$ 轴方向达到平衡,速度倾角较小且其角速度为零,即 $d\theta/dt \approx 0$。平衡滑翔条件可用式(2.9)表示。平衡滑翔时飞行器在纵向平面内的运动轨迹如图 2.7 所示。则有

$$\frac{L\cos\upsilon}{m} + \left(\frac{v^2}{r} - g\right)\cos\theta = 0 \tag{2.9}$$

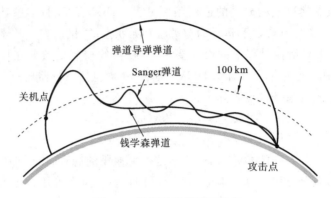

图 2.6　滑翔弹道类型示意图

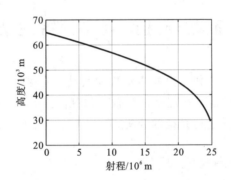

图 2.7　平衡滑翔时高度与射程关系

根据平衡滑翔的条件,令 $\cos\theta=1$,可得

$$\upsilon=\arccos\frac{m\left(g-\dfrac{v^2}{r}\right)}{L} \tag{2.10}$$

由式(2.10)可知,在平衡滑翔约束条件下,飞行器的倾侧角 υ 与当前的速度、飞行器受到的升力相关。

将升力的计算公式带入式(2.10),进而可以算出速度与大气密度的关系:

$$\rho=\frac{2m(gr-v^2)\cos\theta}{SLv^2r\cos\upsilon} \tag{2.11}$$

由此可见,在平衡滑翔约束条件下,针对某一型号的 HGV,假设飞行器的升力系数(控制变量不变)不变时,可推导出平衡滑翔条件下速度与飞行器当前位置大气密度的函数关系,如式(2.11)所示,而大气密度与高度是相关的,进而可以推导出速度与高度间的函数关系。

在零倾侧角、常攻角平衡滑翔条件下,HGV 高度与射程的关系如图 2.7 所示,

HGV 速度倾角随速度的变化如图 2.8 所示。飞行器的初始状态设置如下:初始高度设置为 65 km,为满足平衡滑翔条件,初始速度应设置为 6177.8 m/s,初始速度倾角应设置为 -1.2×10^{-3} rad。由图 2.7、图 2.8 可见,由于纵向受力需要满足平衡滑翔要求,飞行器高度随射程缓慢下降,运动轨迹平滑;速度倾角值取值很小,且取值均小于 0,随速度降低逐渐减小。

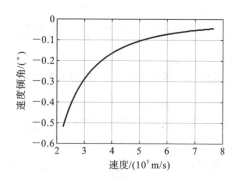

图 2.8　平衡滑翔时速度倾角与速度关系

2. 跳跃滑翔弹道

当 HGV 目标在纵平面内不满足平衡滑翔条件时,受力情况类似简谐运动,将产生偏离平衡滑翔状态的加速度,这是导致生成跳跃滑翔弹道的原因。与平衡滑翔相比,跳跃滑翔轨迹高度随时间的变化呈现振幅逐渐降低的震荡特征,其对应的纵向平面内铅直方向的加速度也具有类周期变化的特征。

HGV 目标跳跃滑翔的过程可从垂直方向描述如下:当速度小于平衡滑翔条件时,飞行器所受的升力小于重力,合力方向向下,加速度方向向下,高度逐渐降低;随高度逐渐降低,大气密度增大,升力逐渐增大,升力与重力达到平衡,向下加速度为零,向下速度仍大于零;随高度再降低,升力大于重力,合力向上,加速度方向向上,向下速度为零后,高度逐渐增高;随高度升高,大气密度减小,升力与重力再次达到平衡,向上加速度为零,向上速度仍大于零;随高度升高,升力小于重力,合力向下,加速度方向向下,向上速度为零后,飞行高度逐渐减低。综上所述,在重力、升力以及离心力的作用下,形成具有周期性变化的跳跃滑翔弹道,并且偏离平衡滑翔条件的程度越大,跳跃幅度越大,随速度的逐渐降低,跳跃幅度逐渐减小,同时,随飞行器能量的减小,飞行高度表现出趋势性降低的特征。

图 2.9 至图 2.14 所示的是常攻角条件下的飞行器状态及约束。飞行器的初始状态设置如下:初始高度为 50 km,初始速度为 4000 m/s,初始速度倾角为 0°,攻角恒为 15°,倾侧角为 0°,即不发生横向机动。可见,高度随时间的变化呈现振幅不

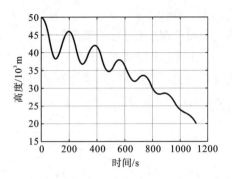

图 2.9   常攻角条件下高度与时间关系

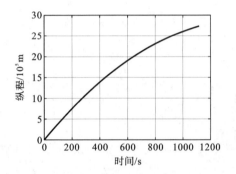

图 2.10   常攻角条件下纵程与时间关系

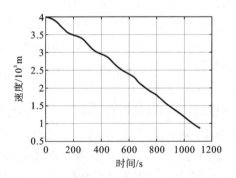

图 2.11   常攻角条件下速度与时间关系

断减小的衰减震荡现象,即高度表现出周期性跳跃、趋势性下降的特征,且以衰减震荡的形式趋于平衡滑翔;速度倾角、过载、热流密度呈现与高度相关的类周期性震荡,且速度倾角与平衡滑翔一样取值较小,过载小于 1.5,热流密度在第一次波谷处取最大值。热流密度的计算方法如式(2.12)所示:

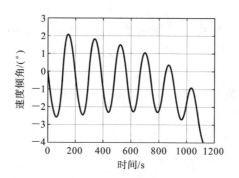

图 2.12　常攻角条件下速度倾角与时间关系

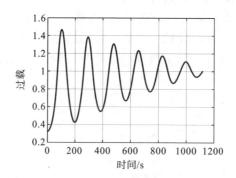

图 2.13　常攻角条件下过载与时间关系

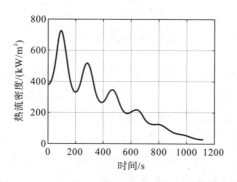

图 2.14　常攻角条件下热流密度与时间关系

$$\dot{Q} = K_n \rho^{0.5} V^{3.15} \tag{2.12}$$

综合以上分析研究,HGV 目标滑翔段的滑翔弹道具有如下规律。

一是 HGV 滑翔弹道可以分为平衡滑翔和跳跃滑翔两大类,平衡滑翔时飞行器受力在铅直方向达到平衡,跳跃滑翔时偏离平衡状态,飞行器在铅直方向做类似简谐运动。

二是 HGV 目标平衡滑翔时,运动状态受平衡滑翔条件的限制,在已知飞行器气动力系数的条件下,飞行器运动状态(速度与高度,速度与速度倾角)间存在固定函数关系。

三是 HGV 目标跳跃滑翔时,飞行高度表现出周期性跳跃、趋势性下降的特征,可以作为设计轨迹预测算法的依据。

2.2.2 运动轨迹几何特性

为增强 HGV 目标的突防能力,进攻方常利用轨迹优化设计方法设计多种机动模式,且机动模式的运动轨迹具有显著几何特征,如文献[13]在考虑禁飞区和路径点的条件下设计了多种突防机动模式,机动模式包括 S 形机动、侧向蛇形机动、纵向蛇形机动、C 形机动等,如图 2.15 所示。HGV 的机动模式导致运动轨迹具有明显的几何特征,可将其作为轨迹预测的依据。

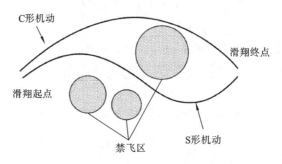

图 2.15 机动突防模式

HGV 目标具体的机动模式可采用纵向机动、侧向机动以及其他综合机动模式。

纵向机动模式通过改变攻角的变化规律,实现飞行器在纵平面的跳跃机动飞行。从机动目的看,纵向机动主要有两种情况:一种是针对敌方拦截阵地或障碍物,在机动能力允许的情况下,采用纵向"跨越式"规避策略绕开拦截区或障碍物;另一种是由于机动能力不够或其他原因必须通过,为了降低被敌方拦截的概率,可设计飞行器按一定幅度和频率进行纵向跳跃机动,提高敌方拦截难度。

侧向机动模式主要通过设计倾侧角的变化规律,实现飞行器侧向倾斜机动飞行。从机动目的来看,侧向机动也主要有两种情况:一种是在机动能力允许的情况下,通过大范围的侧向机动规避,实现对敌方探测区域或障碍物的绕飞;另一种是针对难以侧向机动规避的敌方防空区域,通过增加预定的侧向机动模式,使飞行器按设定的侧向机动幅度和频率进行小幅度机动,以提高敌方拦截的难度,从而提高飞行器突防能力。

HGV 目标的纵向机动和侧向机动是两种最基本的机动模式,其他复杂的机动模式如螺旋机动、蛇形机动等都可通过纵向和侧向机动的合理组合来实现。

在已知目标机动模式的条件下,为实现轨迹预测,还需要使用适当的方法描述机动模式。HGV 目标的平衡滑翔与跳跃滑翔运动轨迹具有截然不同的几何特征,HGV 在纵向平面内不满足平衡滑翔时将出现类周期性震荡的几何特征。下面以纵向跳跃机动模式为例,分析其运动轨迹可采用的几何描述方法。

纵向跳跃机动时,飞行器在纵向平面内不满足平衡滑翔的条件,运动轨迹呈现周期性震荡的特征。根据数值逼近理论可知,任何一条震荡的曲线均可以由多个正弦曲线和直线的组合近似。因此,HGV 纵向高度可由式(2.13)描述:

$$h(t) = \sum_{i=0}^{N} \{h_{0i}(t) + A_i \sin[\omega_i(t)x(t) + \varphi_i]\} \qquad (2.13)$$

式中:$h_{0i}(t)$ 为跳跃机动轨迹的基准高度,A_i 为机动幅值,$\omega_i(t)$ 为机动频率,φ_i 为初始相位,$x(t)$ 为射程。

综合以上分析研究,运动轨迹几何特征具有如下规律。

一是为规避敌方拦截阵地、障碍物或降低被敌方拦截的概率,HGV 目标常采用纵向机动、侧向机动以及其他综合机动模式。

二是 HGV 目标的运动轨迹具有显著的几何特征,几何特征是由进攻方的机动模式决定的。

三是在识别出 HGV 机动模式的前提下,可根据具体的几何特征建立相应的运动轨迹预测模型,进而为实施轨迹预测提供依据。

2.2.3　机动转弯半径特性

转弯半径是衡量飞行器机动能力的指标,转弯半径越小机动能力越强。HGV 通常采用 BTT(bank to turn)倾斜转弯技术进行横向机动,通过倾斜弹体,用总升力在侧向的分力提供向心力。在考虑机动能力的同时,飞行器还应满足过载约束。过载约束既要保证飞行器的机动性,又要防止过载偏大引起弹上设备、机体结构的破坏。

飞行器气动力过载是指飞行器所受气动力与重力的比,气动力在速度坐标系中可以分解为升力、侧力以及阻力,在飞行器坐标系中可以分解为法向力、横向力以及轴向力。因此,可以根据气动力在不同坐标系中的分解方法定义相应的过载,认为侧力提供飞行器转弯的向心力,在此基础上分析飞行器的转弯半径。气动力

在速度坐标系中的分解为

$$R = X + Y + Z \tag{2.14}$$

式中：X 为阻力，也记作 D，Y 为升力，Z 为侧力，升力和侧力的合力为总升力，记作 L。气动力在不同坐标系中的分解如图 2.16 所示。

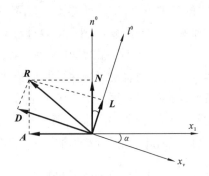

图 2.16　气动力在不同坐标系中的分解

图 2.16 中，N 为法向力，A 为轴向力，两者合力为气动力 R；L 为总升力，D 为阻力，两者合力同为气动力 R；x_1 为飞行器坐标系 x 轴方向，x_v 为速度坐标系 x 轴方向，两者夹角为飞行器攻角 α。

飞行器的侧力为总升力在水平方向的分力，侧向过载约束可以描述为

$$n = \frac{L\sin\upsilon}{mg} \leqslant n_{\max} \tag{2.15}$$

式中：υ 为倾侧角，$L\sin\upsilon$ 表示侧力，m 为飞行器质量，g 为重力加速度，如图 2.17 所示。

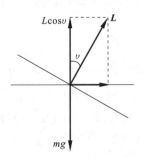

图 2.17　倾斜转弯受力分析

飞行器所受总升力的计算式为

$$L = qSC_L = \frac{1}{2}\rho(h)\upsilon^2 SC_L \tag{2.16}$$

式中:q 为动压,与飞行速度和当前高度 h 的大气密度相关,$\rho(h)$ 为大气密度,S 为飞行器参考面积,C_L 为升力系数,与飞行器攻角相关。

向心加速度的定义为

$$a = ng = \frac{L\sin(\upsilon)}{m} \tag{2.17}$$

利用总升力的计算式代入向心加速度,进而得到转弯半径的计算式为

$$R_m = \frac{\upsilon^2}{a} = \frac{2m}{\rho(h)SC_L\sin(\upsilon)} \tag{2.18}$$

从式(2.18)可以得出,HGV 的转弯半径与飞行高度、倾侧角和攻角相关。转弯半径与倾侧角、攻角反相关,即倾侧角越大,侧力就会越大,转弯半径就会越小;攻角越大,由于升力系数的大小与攻角成正比,随着攻角增大升力也会增大,在相同倾侧角条件下提供的侧力也越大,因此转弯半径就会越小。转弯半径与飞行高度正相关,即飞行高度越高,空气越稀薄,大气密度就更低,侧力就会越小,转弯就会更加平缓,也就是转弯半径就会越大。需要特别强调的是,由于向心力加速度与飞行器速度的平方成正比,因此,转弯半径大小与飞行器速度无关,但飞行器速度要保持在能够使飞行器实施滑翔的范围内,即在飞行走廊内。

为了验证 HGV 的机动半径的理论分析结果的正确性,设计仿真实验。仿真条件设置如下:飞行器仍然采用 CAV-H 模型,攻角取值为 5°～20°,倾侧角取值为 10°～60°,高度为 20 km～60 km,大气模型采用拟合模型,分别计算不同条件下飞行器的转弯半径。机动转弯半径分析仿真实验结果如图 2.18、图 2.19 所示。

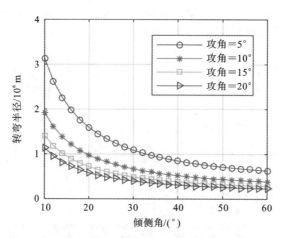

图 2.18　高度为 30 km 时转弯半径与倾侧角关系

图 2.18 是假设飞行高度为 30 km 时,转弯半径随倾侧角的变化情况。由此可

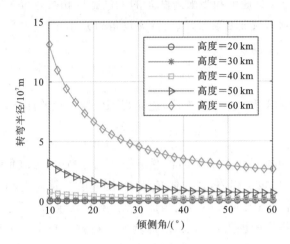

图 2.19   攻角为 15°时转弯半径与倾侧角关系

见,相同攻角条件下,转弯半径随倾侧角的增大而减小;相同倾侧角条件下,转弯半径随攻角的增大而减小。故仿真结果与理论分析结果是一致的。

图 2.19 是假设攻角为 15°时,转弯半径随倾侧角的变化情况。由此可见,相同倾侧角条件下,转弯半径随着高度增加而增大。当飞行高度小于 40 km 时,转弯半径随着高度增加而增大的幅度比较小;当飞行高度大于 40 km 时,转弯半径随着高度增加而增大的幅度非常明显。由于在 40 km 以上区域,大气密度稀薄,相同倾侧角条件下,提供的侧力(向心力)更小,飞行器运动轨迹更加平缓,转弯半径更大。图 2.20 所示的是两种大气密度模型对比,可见高度大于 40 km 时,大气密度显著减小。

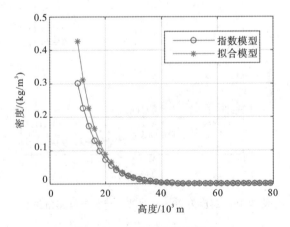

图 2.20   大气密度模型对比

下面分析典型条件下转弯半径的变化规律。表 2.5 所示的是飞行器攻角为 15°，倾侧角为 45°时大气密度、转弯半径与高度的关系。如表 2.5 所示，大气密度随高度增加成指数下降，以高度 20 km 的大气密度为基准，高度 10 km 的大气密度是基准的 4.8 倍，高度 50 km 的大气密度不到基准密度的百分之一；转弯半径随高度增加急剧增加，高度为 20 km 时转弯半径为 111 km，而高度为 60 km 时转弯半径为 31037 km。表 2.6 所示的是飞行器攻角为 15°、高度为 50 km 时，转弯半径与倾侧角的关系。

表 2.5　典型条件下的大气密度和转弯半径

高度/km	大气密度/(kg/m³)	相对大气密度/%	转弯半径/m
10	0.4274	480.4122	
20	0.0890	100	1.1184×10^5
30	0.0186	20.9180	4.5647×10^5
40	0.0039	4.3971	1.8631×10^6
50	8.2631×10^{-4}	0.9288	7.6043×10^6
60	1.7539×10^{-4}	0.1971	3.1037×10^7
70	3.7408×10^{-5}	0.0420	
80	8.0170×10^{-6}	0.0090	

表 2.6　飞行高度为 50 km 速度为 10 Ma 时的转弯半径

转弯半径	倾侧角/(°)					
	10	20	30	40	50	60
$R_m/(10^7 \text{ m})$	3.0965	1.5721	1.0754	0.8365	0.7019	0.6208

综合以上分析研究，机动转弯半径具有如下规律。

一是 HGV 转弯半径与飞行高度、倾侧角和攻角相关，转弯半径与倾侧角、攻角反相关，与飞行高度正相关。

二是 HGV 转弯半径大，即运动轨迹在横向比较平直，横向机动能力相对有限，当高度为 40 km 时，转弯半径接近 200 km。对于 30 km～70 km 的临近空间弹道，由于大气密度稀薄，单纯依靠气动力提供的横向过载小。

三是 HGV 的机动转弯半径特性可作为运动轨迹预测的依据，如横向位移可以建模为低阶的多项式模型。

四是 HGV 的机动转弯半径与其飞行速度无关，但前提是要保证 HGV 的速度在飞行走廊内。

2.2.4 弹道射程特性

HGV 以具有战略意义的高价值目标为打击对象,对于防御方而言,飞行器射程越远意味着威胁就更大,同时对于进攻方,这是所期望的。分析 HGV 射程的目的是分析影响飞行器射程的因素,以及为使飞行器射程最大,飞行器控制、状态所遵循的规律,这些规律是实施轨迹预测的理论依据。

影响 HGV 最大射程的主要因素是 HGV 的初始状态以及控制变量,包括初始速度、初始高度、初始弹道倾角、升阻比。通过对运动微分方程数值积分计算分析跳跃滑翔弹道的射程特性,运动微分方程采用式(2.1),仿真过程中,不考虑热流密度、过载和动压等过程约束的影响。飞行器模型采用 CAV-H,参考初始条件为:初始速度设置为 6000 m/s,初始高度为 65 km,初始速度倾角为 0°,攻角恒定为 15°,倾侧角恒为 0°,飞行终止条件为飞行高度小于 20 km。运动微分方程中的升力系数、阻力系数主要取决于飞行器的攻角,采用 4.2 节建立的气动力系数模型。通过计算,当攻角为 15°时,升阻比的大小为 2.8939。由于飞行器在滑翔段运动微分方程不变,理论上可以选择滑翔段上任意一点作为初始时刻。

1. 初始速度影响分析

为了分析初始速度对飞行器射程的影响,计算不同初始速度条件的射程。对比初始速度分别设置为 5500 m/s、6000 m/s、6500 m/s。不同初始速度条件下,同一飞行器的高度与时间的关系、高度与射程的关系如图 2.21 所示。由此可知,射程也随初始速度的增加而大幅增加,同时飞行时间随初始速度的增加而延长,初始速度为 6500 m/s 时,射程接近 11000 km,并且运动轨迹跳跃幅度与时间相关,随着时间变化跳跃幅度逐渐减小。

2. 初始高度影响分析

假设初始高度分别设置为 55 km、65 km、75 km,其他条件按照参考初始条件设置,仿真计算不同初始高度条件的运动轨迹。图 2.22 所示的是不同初始高度条件下飞行器的高度与时间、高度与射程关系图。由图 2.22 可以看出,不同初始高度条件下飞行器的射程基本相同,约为 8000 km,飞行时间也基本相同,但是高度为 75 km 时,偏离平衡滑翔状态程度更大,因此,轨迹跳跃幅度也更大。

3. 升阻比影响分析

升阻比取决于飞行器攻角,通过对比不同攻角对射程的影响来反映升阻比对射程的影响。假设飞行器滑翔过程中攻角不变,攻角分别设置为 5°、10°、15°、20°,不同攻角对应的升阻比分别为 1.4868、2.8841、2.8939、2.5542,其他仿真条件按参考条件设置,仿真计算不同初始升阻比条件下的运动轨迹。图 2.23 所示的是

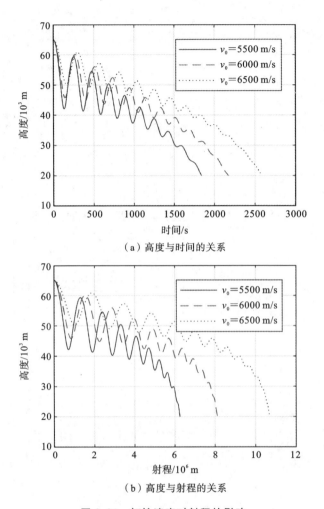

（a）高度与时间的关系

（b）高度与射程的关系

图 2.21　初始速度对射程的影响

升阻比对射程的影响,可以看出飞行器的射程和飞行时间与升阻比成正比,当升阻比为 1.4868 时射程仅为 4000 km;当升阻比为 2.8939 时射程增加一倍,达到 8000 km;当攻角为 10°、15°时升阻比相差不大,射程基本相同。由仿真结果可知,高升阻比能够显著提高飞行器射程,通常飞行器的射程越远威胁越大,再入拉起后的滑翔段飞行姿态趋于稳定,保持常最大升阻比或者常攻角(升阻比不一定最大)以达到增加射程的目的。文献[117]研究了 HGV 最大射程条件下的制导问题,认为 HGV 保持最大升阻比滑翔的射程与最大射程的轨迹优化结果是近似的,因此控制飞行器保持最大升阻比可达到最大射程的目的,与分析结果一致。结合上述分析,升阻比是影响 HGV 滑翔段射程的主要因素,为提高 HGV

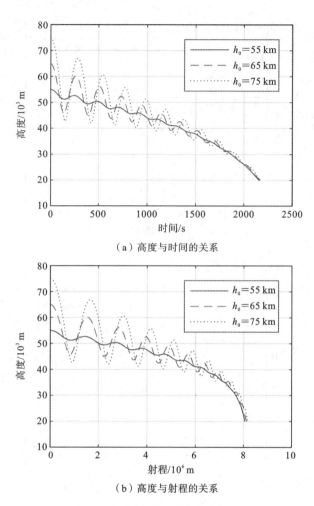

（a）高度与时间的关系

（b）高度与射程的关系

图 2.22　初始高度对射程的影响

射程需设置大升阻比。

4. 速度倾角影响分析

　　初始速度倾角设置为 $-5°$、$0°$、$5°$，其他初始条件参考初始状态，仿真计算不同初始速度倾角条件的运动轨迹。仿真结果如图 2.24 所示，初始速度倾角为 $-5°$ 时，射程、飞行时间最小；初始速度倾角为 $5°$ 时，射程、飞行时间最长。与初始速度倾角为正值时相比，初始速度倾角为负值时，滑翔初期飞行器所处环境大气密度大，加速度的绝对值相对更大，消耗能量更多，因此射程较小。图 2.25 所示的是射程与速度倾角的关系，射程随初始速度倾角的增加先增加再急剧降低。当初始速度倾角过大时，飞行器就会进入太空，运动轨迹转换为弹道导弹弹道，此时射程将

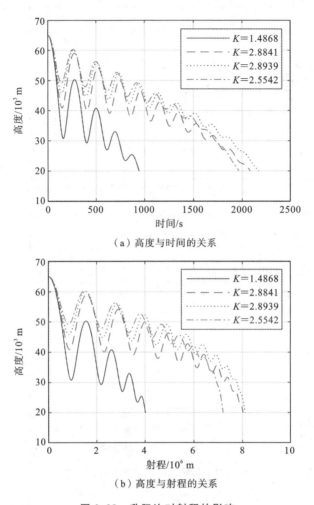

（a）高度与时间的关系

（b）高度与射程的关系

图 2.23　升阻比对射程的影响

大幅度减小,如图 2.26 所示。

综合以上分析研究,跳跃滑翔弹道射程具有如下规律。

一是 HGV 偏离平衡滑翔条件时形成跳跃滑翔弹道,跳跃滑翔弹道偏离平衡滑翔的程度与滑翔段初始状态偏离平衡滑翔状态的程度密切相关。

二是 HGV 的射程和飞行时间与初始高度、初始速度、升阻比、初始速度倾角相关,在已知 HGV 初始状态的条件下,可通过数值积分预估目标的射程。

三是提高升阻比能够显著提高射程,高升阻比可作为 HGV 轨迹预测的依据。

四是初始速度倾角越大射程越大,但当初始速度倾角大于 22°时运动轨迹变为弹道导弹弹道,射程急剧下降。

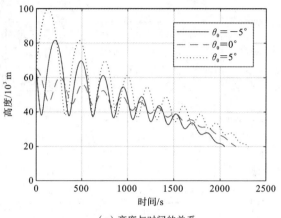

（a）高度与时间的关系

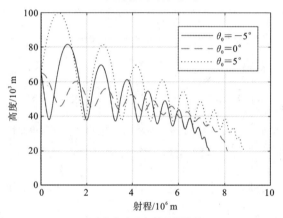

（b）高度与射程的关系

图 2.24　初始速度倾角对射程的影响

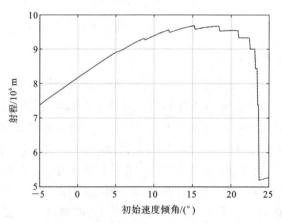

图 2.25　射程与初始速度倾角的关系

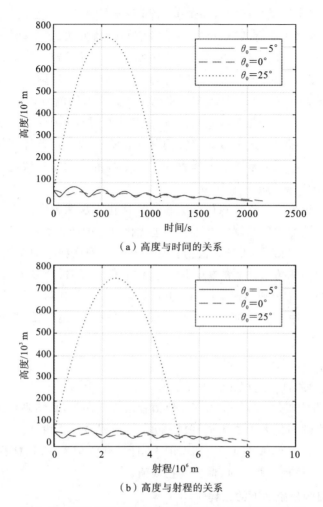

（a）高度与时间的关系

（b）高度与射程的关系

图 2.26　弹道导弹运动轨迹与助推滑翔飞行器运动轨迹

2.3　高超声速滑翔飞行器可达区域

　　HGV 可达区域是指飞行器在给定的初始条件、过程约束和终端约束下，依靠自身机动能力可达落点的集合。可达区域分析一般是从进攻方（或者设计者）的视角考虑的，飞行器可达区域常应用于再入飞行器落点位置的选取，如确定返回舱的落点。从防御视角看，HGV 采用大升阻比气动外形，能够实现大范围内机动，计算其可达区域有助于评估目标的威胁范围、确定防御方案。

计算可达区域主要有四种方法:一是常值倾侧角方法;二是轨迹优化算法;三是剖面插值法;四是虚拟目标点法。常值倾侧角方法是假定飞行器在飞行过程中倾侧角保持不变,通过数值积分外推轨迹,遍历倾侧角取值,则可以获得可达区域的边界,选取最大的横程作为最大横向机动距离。常值倾侧角方法的计算量小,运算速度快。HGV 的控制量为攻角与倾侧角,在飞行过程中还有热流密度、动压、过载等条件的约束,可将可达区域的求解问题转换为纵程一定条件下的最大横向机动距离求解问题,本质上是以最大横程为优化目标的控制量参数优化问题[118-120],拟合落点围成的区域构成可达区域。

文献[121]讨论了常值倾侧角方法和轨迹优化方法两种升力式飞行器可达区域的计算方法,认为常值倾侧角方法与轨迹优化方法的结果类似。

利用常值倾侧角方法通过数值仿真分析 HGV 的横向机动距离。以 CAV-H 为例,计算不同倾侧角条件下的机动距离。仿真假设条件为:初始高度为 65 km,初始速度为 6000 m/s,初始速度倾角为 0°,攻角恒为 15°,倾侧角分别为 0°~45°,数值积分的终止条件为飞行高度小于 20 km。横向机动距离用横程表示,纵向机动距离用纵程表示。

1. 不同倾侧角条件下的横程

不同倾侧角条件下横程比较仿真结果如图 2.27 所示。由图 2.27(a)可见,横程随倾侧角的增加先增大再减小,存在使横程最大的倾侧角;倾侧角约为 31°时,横程达到最大;当倾侧角大于最大横程倾侧角时,横程减小。由图 2.27(b)可见,倾侧角一定条件下,横程随时间的增加而增大;且当倾侧角为 0°时,横程始终为 0;当倾侧角大于最大横程倾侧角时,横程存在极值。

2. 不同倾侧角条件下的纵程

不同倾侧角条件下的纵程比较仿真实验结果如图 2.28 所示。如图 2.28(a)所示,纵程随倾侧角的增加而逐渐减小。这是由于倾侧角越大,升力在纵向平面内的分力越小,在纵向平面内等效的升阻比相应减小,纵程也越小,这与提高升阻比能够增大射程的结论是相符合的。如图 2.28(b)所示,在倾侧角一定条件下,纵程随时间的增加而增大;倾侧角越大相应的滑翔飞行时间越短;当倾侧角大于最大横程倾侧角时,纵程同样存在极值。

图 2.29 所示的是不同倾侧角条件下,横程与纵程的关系,在上述设置初始条件下,HGV 的最大纵程超过 8000 km,横程达到 2700 km,可见其机动范围广。

3. 不同倾侧角条件下的侧向过载

侧向过载与飞行器的倾侧角、攻角、高度以及速度有关,侧向过载的计算式为

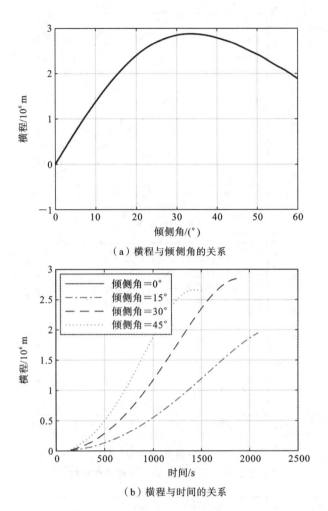

（a）横程与倾侧角的关系

（b）横程与时间的关系

图 2.27　不同倾侧角的横程比较

$$n = \frac{L\sin(\upsilon)}{mg} = \frac{\rho(h)\upsilon^2 A C_L}{2mg} \tag{2.19}$$

不同倾侧角条件下的侧向过载仿真结果如图 2.30 所示。由此可见,倾侧角为 0°时,由于升力不提供向心力,侧向过载为零;侧向过载随倾侧角的增加而增加,侧向过载呈现与运动轨迹类似的波动特征。

图 2.31 所示的是倾侧角为 30°时,高度、过载随时间的变化规律。由此可见,处于轨迹波谷时侧向过载达到最大,侧向过载的取值范围为 0.05～0.7。由于气动力引起的侧向过载较小,因此,仅仅借助气动力控制时横向过载容易满足飞行器过载要求,这与前面分析得出的 HGV 最小转弯半径数值较大、滑翔段运动轨迹比

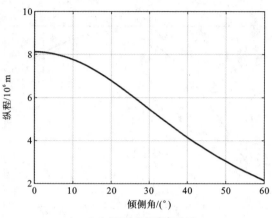

（a）纵程与倾侧角的关系

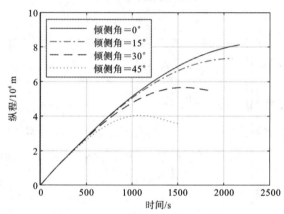

（b）纵程与时间的关系

图 2.28　不同倾侧角的纵程变化比较

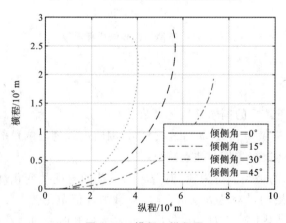

图 2.29　横程—纵程图

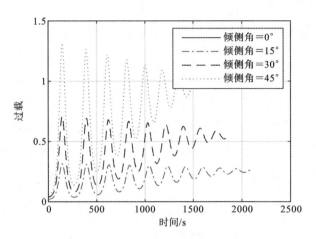

图 2.30　侧向过载随时间变化曲线

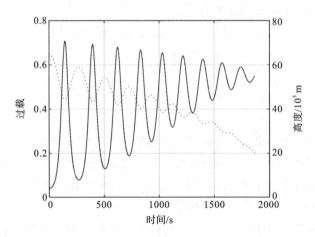

图 2.31　倾侧角为 $30°$ 时的过载与时间关系

较平直的结论是一致的。

4. 可达区域计算

仿真条件不变，图 2.32 所示的是利用常值倾侧角方法计算的 HGV 可达区域，近似扇形。考虑地球自转时，可达区域也与起始速度的方位有关，可达区域的形状不对称。由此可见，以终点状态计算的可达区域范围广，对防御方的预警探测而言更多的是一种指导意义，很难形成实际的作战应用价值。但是，如果不以落点作为结束条件，缩短轨迹预测的时间区间，并且重点关注滑翔飞行器的运动路径，也就是说，将获得 HGV 的运动管道作为轨迹预测的目标，则可达区域范围将与实

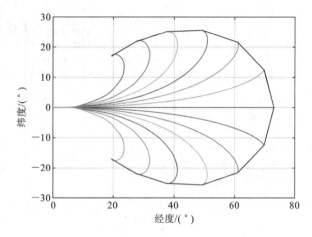

图 2.32   HGV 可达区域

际轨迹更加接近,也更具作战实用价值。

综合以上分析研究,HGV 运动可达区域具有如下规律。

一是在相同初始条件下,横向机动距离随倾侧角的增加先增加再减小,存在使横向机动距离最大的最优倾侧角。

二是在相同初始条件下,纵程随倾侧角的增加而减小,当倾侧角为 0° 时,射程最大。

三是在相同初始条件下,侧向过载随倾侧角的增加而增大,侧向过载呈现与运动轨迹类似的波动特征,且飞行器高度处于波谷时侧向过载处于波峰。

四是当初始条件确定时,HGV 目标的最大纵程和最大横程组成的可达区域可以被预估,并且可达区域类似为一扇形。

五是从防御方视角,由于 HGV 目标可实施长时间的持续转弯机动,难以实现全程预测,可实现中长时间区间内的局部可达区域的预测。

2.4   本章小结

本章针对 HGV 机动特性问题进行了分析研究,主要工作与研究结论如下。

(1) 定义了 HGV 轨迹预测概念,并从预测目的、预测机理以及预测效果三个方面对比分析了与弹道导弹弹道预报、航空飞行器航迹预测的差别。

(2) 为研究 HGV 在滑翔段的运动规律,建立了 HGV 在滑翔段的运动微分方程,根据典型 HGV 飞行器气动力系数的数据建立了气动力系数模型,并介绍了仿真实验中 HGV 目标运动轨迹仿真数据的生成方法,为后续运动特性分析奠定了基础。

（3）从 HGV 滑翔弹道特性、运动轨迹几何特征、机动转弯半径特性、跳跃滑翔弹道射程特性、运动可达区域等五个方面分析了 HGV 的运动特性。

（4）HGV 目标具有平衡滑翔和跳跃滑翔两种弹道类型。HGV 跳跃滑翔时运动轨迹的几何特征显著,机动转弯半径大横向机动能力弱,为增加射程具有高升阻比气动特征,这些均是 HGV 目标运动轨迹可预测的依据。

（5）可实现 HGV 目标未来短时间区间内的预测,但当目标可实施长时间的持续机动时,难以实现全程预测。尤其是当目标实施机动运动模式发生重大转折时,轨迹预测就变得不确定。

第3章

基于运动学建模的高超声速飞行器轨迹跟踪

在跳跃滑翔飞行方式下,HGV 在纵向平面跳跃飞行。从运动状态的特征上看,目标轨迹呈现类周期形式。而现有运动学模型无法准确描述这一运动特性,其中 CV、CA 以及 CT 通过不相关白噪声描述目标机动,跟踪 HGV 时精度较低且不稳定。而且 Singer、CS 及 Jerk 模型都假设目标机动呈指数相关,无法描述 HGV 的类周期特性。肖松等人[45]将 Singer 引入 CT 模型中提出了一阶时间相关转弯模型 SCT,SCT 能更好地描述目标的角速度变化,但仍然存在 CT 模型的局限性。王国宏等人[32]提出了加速度正弦相关模型——SW,合理描述了周期性变化的运动特性。但 SW 假设 HGV 机动完全周期相关太过于理想化。

针对这一问题,本章首先分析了 HGV 轨迹的一般规律,在此基础上将其抽象为 HGV 加速度的相关特性,并提出了阻尼振荡模型(damped oscillation model,DO);其次,为分析模型的性能,结合卡尔曼滤波推导了 DO 模型的系统稳态误差,讨论了 DO 模型参数对系统稳态误差的影响,分析了模型中两个参数的对应关系,给出了参数取值的大致区间,并从模型参数设定的角度说明了 DO 模型跟踪 HGV 的合理性;最后,仿真表明本章模型精度优于传统运动学模型。

3.1　运动加速度相关性分析

HGV 滑翔弹道在总体上可分为平衡滑翔和跳跃滑翔两大类,其中平衡滑翔机动强度相对较小,跳跃式滑翔 HGV 跟踪难度较大。HGV 弹道与常规弹道迥异,其最明显的特征为"打水漂"式跳跃巡航,其飞行轨迹如图 3.1 所示。

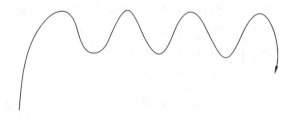

图 3.1　HGV 跳跃滑翔弹道

3.1.1　周期特性

HGV 目标飞行弹道与常规空气动力目标相比,HGV 速度更快、机动能力更强;与常规弹道导弹相比,HGV 控制方式更加灵活、弹道样式复杂多变;并且,由于目标在临近空间内跳跃式飞行,可借助地球曲率有效遮挡雷达探测跟踪。HGV 飞行轨迹近似沿一中线摆动运动,其弹道具有类周期性,因此可以推测间隔整数个周期的目标加速度、角加速度等存在类似的周期性。

3.1.2　衰减特性

假设飞行大气环境均匀恒定,随着时间的增长,由于阻力及重力做功导致弹道振荡幅度减小,对应点加速度的相关性随间隔周期数量增大而降低。

3.2　衰减振荡模型构建

跟踪模型建立的关键在于加速度自相关函数的设定,经典的 Singer 模型、CS

模型以及 Jerk 模型假设机动相关性呈指数衰减，并不适用于描述 HGV 运动特性。根据 HGV 运动特性分析可知 HGV 加速度相关特性应具有以下性质。

1. 类周期性

目标加速度 $a(t)$ 强相关于 $a(t+\Delta T_c)$，即 HGV 加速度相关函数具有类似的周期性质。

2. 衰减性

由相邻周期的加速度特性分析可知，间隔周期数越多，对应点加速度相关性越弱，即加速度相关性随周期数递增而减小。

SW 模型假设 HGV 运动相关性完全服从正弦/余弦过于理想化。因此，根据 HGV 加速度的相关性质，假设加速度为二阶时间自相关的零均值随机过程，并建立机动运动模型，其相关函数为衰减振荡函数：

$$R_a(\tau) = \sigma_a^2 e^{-\alpha|\tau|} \cos(\beta\tau) \tag{3.1}$$

式中：σ_a^2 为加速度方差，α 为最大相关衰减量，$\beta = \dfrac{2\pi}{\Delta T_c} \geqslant 0$ 为机动振荡频率，ΔT_c 为振荡周期，τ 为时间差。不同的加速度自相关函数如图 3.2 所示。

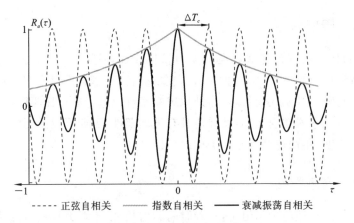

图 3.2 加速度自相关函数

衰减振荡函数还可以表示为

$$R_a(\tau) = E[a(t+\tau)a(t)] = \sigma_a^2 \underbrace{e^{-\alpha|\tau|}}_{\text{I}} \underbrace{\cos(\beta\tau)}_{\text{II}}$$

式中：式（I）体现了 $R_a(\tau)$ 的指数衰减特性，实现了加速度相关性随周期数增加而减小；式（II）体现了 $R_a(\tau)$ 的周期性，β 控制相关周期的大小。当 τ 较小时，$R_a(\tau)$ 主要表现为周期性；当 τ 较大时，主要表现为指数衰减性；当 τ 取极限值时，有

$$\begin{cases} \lim_{\tau \to 0} R_a(\tau) = \max[R_a(\tau)] \\ \lim_{\tau \to +\infty} R_a(\tau) = 0 \end{cases} \tag{3.2}$$

式(3.2)符合加速度相关的一般常识。当 α,β 取极限值时,则有

$$\begin{cases} \lim_{\alpha \to 0} R_a(\tau) = \lim_{\alpha \to 0} \sigma_a^2 e^{-\alpha|\tau|} \cos(\beta\tau) = \sigma_a^2 \cos(\beta\tau) \\ \lim_{\beta \to 0} R_a(\tau) = \lim_{\beta \to 0} \sigma_a^2 e^{-\alpha|\tau|} \cos(\beta\tau) = \sigma_a^2 e^{-\alpha|\tau|} \end{cases} \tag{3.3}$$

根据式(3.3),当 α 趋近 0 时,DO 模型退化为 SW 模型,因此,SW 模型近似为一种等幅度的 DO 模型;当 β 趋近 0 时,DO 模型转换为 Singer 模型,Singer 模型可类似于机动频率非常小的 DO 模型。由此可知,相比 SW 及 Singer 模型,DO 模型的适应性更广。

3.2.1　连续时间状态方程

卡尔曼滤波器要求系统噪声输入为白噪声,因此将加速度的自相关函数转化为等价的离散时间模型。相关函数 $R_a(\tau) = \sigma_a^2 e^{-\alpha|\tau|} \cos(\beta\tau)$ 的谱密度为[122]

$$S(w) = F(R(\tau)) = \int_{-\infty}^{+\infty} \sigma_a^2 e^{-\alpha|\tau|} e^{-jw\tau} \cos\beta\tau \, d\tau$$

$$= \frac{\sigma_a^2}{2} \left\{ \left[\frac{1}{\alpha - (\beta - w)j} + \frac{1}{\alpha + (\beta + w)j} \right] + \left[\frac{1}{\alpha + (\beta - w)j} + \frac{1}{\alpha - (\beta + w)j} \right] \right\} \tag{3.4}$$

式中:$F(\cdot)$ 为傅里叶变换,w 为角速率。令 $G(w) = [\alpha - (\beta - w)j][\alpha + (\beta + w)j]$,则有

$$S(w) = 2\alpha\sigma_a^2 \frac{(\sqrt{\alpha^2 + \beta^2} + wj)}{G(w)} \frac{(\sqrt{\alpha^2 + \beta^2} - wj)}{G(-w)}$$

$$= W(wj)H(wj)H(-wj) \tag{3.5}$$

式中:$W(wj)$ 为白噪声的傅里叶变换。则滤波器的传递函数为

$$H(s) = \frac{(\sqrt{\alpha^2 + \beta^2} + s)}{(\alpha + s)^2 + \beta^2} \tag{3.6}$$

式中:s 为拉普拉斯算子。则机动加速度 $a(t)$ 的微分方程为

$$\ddot{a}(t) + 2\alpha\dot{a}(t) + (\alpha^2 + \beta^2)a(t) = \omega(t) + \sqrt{\alpha^2 + \beta^2}\,\omega(t) \tag{3.7}$$

式中:$\omega(t)$ 是均值为零,方差为 $2\alpha\sigma_a^2$ 的高斯白噪声。其状态方程为

$$\frac{d}{dt}\begin{bmatrix} x(t) \\ \dot{x}(t) \\ a(t) \\ \dot{a}(t) \end{bmatrix} = \begin{bmatrix} 0 & 1 & 0 & 0 \\ 0 & 0 & 1 & 0 \\ 0 & 0 & 0 & 1 \\ 0 & 0 & -(\alpha^2 + \beta^2) & -2\alpha \end{bmatrix} \begin{bmatrix} x(t) \\ \dot{x}(t) \\ a(t) \\ \dot{a}(t) \end{bmatrix} + \begin{bmatrix} 0 & 0 \\ 0 & 0 \\ 0 & 0 \\ \sqrt{\alpha^2 + \beta^2} & 1 \end{bmatrix} \begin{bmatrix} \omega(t) \\ \dot{\omega}(t) \end{bmatrix} \tag{3.8}$$

令

$$A = \begin{bmatrix} & 0100 & \\ & 0010 & \\ & 0001 & \\ 00 & -(\alpha^2+\beta^2) & -2\alpha \end{bmatrix} \quad B = \begin{bmatrix} 00 \\ 00 \\ 00 \\ \sqrt{\alpha^2+\beta^2} \; 1 \end{bmatrix} \tag{3.9}$$

则有

$$\dot{X}(t) = AX(t) + B\omega(t) \tag{3.10}$$

3.2.2 离散时间状态方程

对式(3.10)进行离散化,设采样间隔为 T,则有

$$X(k+1) = F(T,\alpha,\beta)X(k) + W(k) \tag{3.11}$$

式中: $X(k+1)$ 为 $k+1$ 时刻目标状态向量,包括位置、速度、加速度、加加速度, $F(T,\alpha,\beta)$ 为状态转移矩阵, $W(k)$ 为过程噪声,其协方差为 $Q(k) = E[W(k)W^{\mathrm{T}}(k)]$。其中,状态转移矩阵 $F(T,\alpha,\beta)$ 及过程噪声协方差矩阵 $Q(k)$ 的详细推导过程参见附录。

3.3 DO 模型性能分析

基于加速度统计分布具有衰减性与周期性假设建立了 DO 模型,但两个假设之间是否存在关联影响,模型的整体性能还有待分析。本节结合滤波算法推导了 DO 模型参数对系统动态误差的影响[122],并分析了模型的适应性,基于此给出了模型参数的大致区间,最后从参数设定的角度阐述了采用 DO 模型描述 HGV 运动的合理性。

3.3.1 系统动态误差推导

假定连续时间的量测方程为

$$Z(t) = H(t)X(t) + V(t) \tag{3.12}$$

式中: $Z(t)$ 为量测向量, $H(t)$ 为量测矩阵, $V(t)$ 是零均值高斯量测噪声,其协方差为 $R(t)$,即 $E[V(t)V(t)^{\mathrm{T}}] = R(t)$。

根据卡尔曼滤波原理,状态估计为

$$\hat{X}(t) = A\hat{X}(t) + K(t)[Z(t) - \hat{Z}(t)] = [A - K(t)H(t)]\hat{X}(t) + K(t)Z(t) \tag{3.13}$$

式中:$K(t)$为卡尔曼增益矩阵,滤波增益基于状态预测与状态量测的差异修正一步预测,当滤波器到达稳态时,增益能较为准确地反映量测噪声的分布信息,此时增益近似恒定常数值。为方便说明仅考虑一维量测位置的情况,令 $H(t)=H=[1,0,0,0]^T$,则式(3.13)的拉普拉斯变换为(假设初始条件为零)

$$s\hat{X}(s)=(A-KH)\hat{X}(s)+KHZ(s)\Rightarrow\hat{X}(s)=(sI-A+KH)^{-1}KHZ(s)$$

$$=\underbrace{(sI-A+KH)^{-1}KHX(s)}_{\hat{X}_d(s)}+\underbrace{(sI-A+KH)^{-1}KHL[V(t)]}_{\hat{X}_r(s)} \tag{3.14}$$

式中:$I=[\mathbf{1}_{4\times1}\ \mathbf{0}_{4\times3}]$,$L(\cdot)$为拉普拉斯变换函数,$\hat{X}_d(s)$为动态估计,$\hat{X}_r(s)$为误差估计。则系统误差为

$$\tilde{X}(s)=X(s)-\hat{X}(s)$$

$$=\underbrace{[I-(sE-A+KH)^{-1}KH]X(s)}_{\tilde{X}_d(s)}+\underbrace{(sE-A+KH)^{-1}KHL[V(t)]}_{\tilde{X}_r(s)} \tag{3.15}$$

式中:$\tilde{X}_d(s)$为滤波动态误差,受模型的影响而改变,$\tilde{X}_r(s)$为系统随机误差,其误差大小与量测噪声有关。由于随机误差无法控制,在此只关注系统动态误差的大小。将 A、H 代入 $\tilde{X}_d(s)$ 中,则 $KH=\begin{bmatrix} k_1 k_2 k_3 k_4 \\ \mathbf{0}_{3\times4} \end{bmatrix}^T$,其中 k_1、k_2、k_3、k_4 分别为位置、速度、加速度、加加速度的滤波器稳态增益。

$$\det(sE-A+KH)=s^4+(2\alpha+k_1)s^3+(\alpha^2+\beta^2+2k_1\alpha+k_2)s^2$$
$$+(k_1\alpha^2+k_1\beta^2+2k_2\alpha+k_3)s+k_2\alpha^2+k_2\beta^2+2k_3\alpha+k_4 \tag{3.16}$$

$$(sE-A+KH)^{-1}=\begin{bmatrix} s+k_1 & -1 & 0 & 0 \\ k_2 & s & -1 & 0 \\ k_3 & 0 & s & -1 \\ k_4 & 0 & (\alpha^2+\beta^2) & s+2\alpha \end{bmatrix}^{-1}=\frac{J}{\det(sE-A+KH)}$$

$$\tag{3.17}$$

其中,

$$\begin{cases} J_{11}=s^3+2\alpha s^2+(\alpha^2+\beta^2)s,\ J_{12}=s^2+2\alpha s+(\alpha^2+\beta^2),\ J_{13}=s+2\alpha \\ J_{14}=1,\ J_{21}=-k_2s^2-(k_3+2\alpha k_2)s-(k_2\alpha^2+2\alpha k_3+k_2\beta^2+k_4) \\ J_{22}=s^3+(2\alpha+k_1)s^2+(\alpha^2+2k_1\alpha+\beta^2)s+k_1(\alpha^2+\beta^2) \\ J_{23}=s^2+(2\alpha+k_1)s+2\alpha k,\ J_{24}=k_1+s,\ J_{31}=-k_3s^2-(2\alpha k_3+k_4)s \\ J_{32}=-k_3s-2\alpha k_3-k_4,\ J_{33}=s^3+(2\alpha+k_1)s^2+(2\alpha k_1+k_2)s+2\alpha k_2 \\ J_{34}=s^2+k_1s+k_2,\ J_{41}=-k_4s^2+k_3(\alpha^2+\beta^2)s \\ J_{42}=-k_4s+k_3(\alpha^2+\beta^2) \\ J_{42}=-(\alpha^2+\beta^2)s^2-k_1(\alpha^2+\beta^2)s-k_2(\alpha^2+\beta^2)-k_4 \\ J_{44}=s^3+k_1s^2+k_2s+k_3 \end{cases} \tag{3.18}$$

则式(3.15)中可改写为

$$
\begin{bmatrix}
\hat{x}_d(s) \\
\dot{\hat{x}}_d(s) \\
\ddot{\hat{x}}_d(s) \\
\dddot{\hat{x}}_d(s)
\end{bmatrix}
$$

$$
=
\begin{bmatrix}
\dfrac{k_1 s^3 + (2k_1\alpha + k_2)s^2 + (k_1\alpha^2 + k_1\beta^2 + 2k_2\alpha + k_3)s + k_2\alpha^2 + k_2\beta^2 + 2k_3\alpha + k_4}{\det(s\boldsymbol{E} - \boldsymbol{A} + \boldsymbol{KH})} x(s) \\[3mm]
\dfrac{k_2 s^3 + (2k_2\alpha + k_3)s^2 + (k_2\alpha^2 + k_2\beta^2 + 2k_3\alpha + k_4)s}{\det(s\boldsymbol{E} - \boldsymbol{A} + \boldsymbol{KH})} \frac{1}{s}\dot{x}(s) \\[3mm]
\dfrac{k_3 s^3 + (k_4 + 2k_3\alpha)s^2}{\det(s\boldsymbol{E} - \boldsymbol{A} + \boldsymbol{KH})} \frac{1}{s^2}\ddot{x}(s) \\[3mm]
\dfrac{k_4 s^3 - k_3(\alpha^2 + \beta^2)s^2}{\det(s\boldsymbol{E} - \boldsymbol{A} + \boldsymbol{KH})} \frac{1}{s^3}\dddot{x}(s)
\end{bmatrix}
$$

$$\tag{3.19}$$

系统的动态误差为

$$
\begin{bmatrix}
\tilde{x}_d(s) \\
\dot{\tilde{x}}_d(s) \\
\ddot{\tilde{x}}_d(s) \\
\dddot{\tilde{x}}_d(s)
\end{bmatrix}
$$

$$
=
\begin{bmatrix}
\dfrac{s^4 + 2\alpha s^3 + (\alpha^2 + \beta^2)s^2}{\det(s\boldsymbol{E} - \boldsymbol{A} + \boldsymbol{KH})} x(s) \\[3mm]
\dfrac{s^4 + (2\alpha + k_1)s^3 + (\alpha^2 + \beta^2 + 2k_1\alpha)s^2 + (k_1\alpha^2 + k_1\beta^2)s}{\det(s\boldsymbol{E} - \boldsymbol{A} + \boldsymbol{KH})}\dot{x}(s) \\[3mm]
\dfrac{s^4 + (2\alpha + k_1)s^3 + (\alpha^2 + \beta^2 + 2k_1\alpha + k_2)s^2 + (k_1\alpha^2 + k_1\beta^2 + 2k_2\alpha)s + k_2\alpha^2 + k_2\beta^2}{\det(s\boldsymbol{E} - \boldsymbol{A} + \boldsymbol{KH})}\ddot{x}(s) \\[3mm]
\dfrac{s[s^4 + (2\alpha + k_1)s^3 + (\alpha^2 + \beta^2 + 2k_1\alpha + k_2)s^2 + (k_1\alpha^2 + k_1\beta^2 + 2k_2\alpha + k_3)s + k_2\alpha^2 + k_2\beta^2 + 2k_3\alpha] + k_3(\alpha^2 + \beta^2)}{s(\det(s\boldsymbol{E} - \boldsymbol{A} + \boldsymbol{KH}))}\dddot{x}(s)
\end{bmatrix}
$$

$$\tag{3.20}$$

DO 模型为二阶时间相关模型。该模型实际的噪声输入分为加速度及加加速度两项，其中加速度输入为白噪声，加加速度输入为加速度输入的一阶导数，设加速度输入为阶跃函数，加加速度输入为冲击函数，则有

$$
\dddot{x}(s) = 1, \quad \ddot{x}(s) = \frac{1}{s}, \quad \dot{x}(s) = \frac{1}{s^2}, \quad x(s) = \frac{1}{s^3} \tag{3.21}
$$

将式(3.21)代入式(3.20)，则 DO 模型在卡尔曼滤波中系统动态误差的稳

态为

$$\tilde{x}_d(t)|_{t\to\infty}=\lim_{s\to0}s\cdot\frac{s^4+2\alpha s^3+(\alpha^2+\beta^2)s^2}{\det(s\boldsymbol{E}-\boldsymbol{A}+\boldsymbol{KH})}\frac{1}{s^3}=\frac{\alpha^2+\beta^2}{k_2\alpha^2+k_2\beta^2+2k_3\alpha+k_4} \tag{3.22}$$

$$\tilde{x}_d(t)|_{t\to\infty}=\lim_{s\to0}s\cdot\frac{s^4+(2\alpha+k_1)s^3+(\alpha^2+\beta^2+2k_1\alpha)s^2+(k_1\alpha^2+k_1\beta^2)s}{\det(s\boldsymbol{E}-\boldsymbol{A}+\boldsymbol{KH})}\frac{1}{s^2}$$

$$=\frac{k_1\alpha^2+k_1\beta^2}{k_2\alpha^2+k_2\beta^2+2k_3\alpha+k_4} \tag{3.23}$$

$$\tilde{x}_d(t)|_{t\to\infty}=\lim_{s\to0}s\cdot\frac{\det(s\boldsymbol{E}-\boldsymbol{A}+\boldsymbol{KH})-2k_3\alpha-k_4}{\det(s\boldsymbol{E}-\boldsymbol{A}+\boldsymbol{KH})}\frac{1}{s}=\frac{k_2\alpha^2+k_2\beta^2}{k_2\alpha^2+k_2\beta^2+2k_3\alpha+k_4} \tag{3.24}$$

$$\tilde{\tilde{x}}_d(t)|_{t\to\infty}=\lim_{s\to0}s\cdot\frac{s[\det(s\boldsymbol{E}-\boldsymbol{A}+\boldsymbol{KH})-k_4]+k_3(\alpha^2+\beta^2)}{s\cdot\det(s\boldsymbol{E}-\boldsymbol{A}+\boldsymbol{KH})}1$$

$$=\frac{k_3(\alpha^2+\beta^2)}{k_2\alpha^2+k_2\beta^2+2k_3\alpha+k_4} \tag{3.25}$$

观察式(3.22)～式(3.25)可知,可以通过两种方式限制动态误差:一种是通过合理的参数取值使得 DO 模型的动态误差较小;另一种是对 DO 模型进行均值补偿,使得动态误差恒为零。本节重点讨论第一种方式。

3.3.2　DO 模型参数分析

通过观察上述位置、速度、加速度、加加速度动态误差稳态值表达式(3.22)～式(3.25),可假设动态误差稳态值通式为

$$\Delta_d(t)=\frac{p(\alpha^2+\beta^2)}{k_2(\alpha^2+\beta^2)+2k_3\alpha+k_4} \tag{3.26}$$

由文献[123,124]中卡尔曼滤波稳态增益表达式,可假设同一维的状态增益恒大于零,即 $p>0$ 为常数,则 $\Delta_d(t)$ 随 α,β 分布如图 3.3 所示。

如图 3.3 所示,系统动态误差稳态值 $\Delta_d(t)$ 整体随 α,β 增加而上升,其中 $\Delta_d(t)$ 对 α 的敏感度远高于对 β 的敏感度,图中左边曲面的上升是由于 k_4 远小于 β,k_4 取值越小上升的速度越快,当 k_4 取值足够小时将出现断崖式上升,但滤波过程中一步预测与量测总是存在偏差需要通过增益与残差进行修正,k_4 取值不可能无限趋近于 0。因此,可以通过模型参数的合理取值限制其动态误差。

DO 模型的参数有振荡频率 β 及最大相关衰减量 α,根据文献[32,33]可为 β 取值提供一定的参考:一方面,HGV 目标速度较快,转弯半径大,完成一次周期性跳跃时间较长,其机动振荡频率 β 较小,较为符合 DO 模型中 β 的合理取值;另一方面,令时间差为跳跃周期 $\tau=\Delta T_c$,由式(3.1)可得

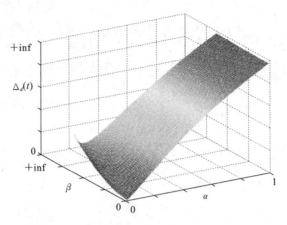

图 3.3　系统动态误差稳态值分布

$$\alpha = -\frac{\ln\left[R_a(\Delta T_c)\sigma_a^2\right]}{\Delta T_c} = -\frac{\beta \ln\left[R_a(\Delta T_c)\sigma_a^2\right]}{2\pi} \tag{3.27}$$

式中:$R_a(\Delta T_c)/\sigma_a^2 \in [0,1]$。式(3.27)具有很好的物理含义,当 β 确定时,若相邻周期相关性 $R_a(\Delta T_c)$ 越大,可知最大相关衰减量 α 越小,目标加速度呈现的周期性越强,衰减性越弱;反之同理,若相邻周期相关性 $R_a(\Delta T_c)$ 越小,可知最大相关衰减量 α 越大,目标加速度呈现的周期性越弱,衰减性越强。

　　HGV 目标相邻周期加速度具有较强的相关性,一般认为相关系数大于 0.5 即有较强的相关性,同时 HGV 跳跃滑翔周期较大,其加速度相关不可能无限趋近于1,因此 $R_a(\Delta T_c)/\sigma_a^2$ 大致取值范围为 $[0.5, 0.95]$ 较为合理,通过计算可得最大相关衰减量大致取值范围为 $\alpha \in [0.01\beta/2\pi, 0.7\beta/2\pi]$。

　　由此可见,跟踪 HGV 目标时的参数设定,较为符合 DO 模型低动态误差稳态值的参数取值,结合 HGV 机动加速度相关特性来看,DO 模型跟踪 HGV 目标相对传统 Singer、CS 等指数相关模型,能更准确的描述其运动特性。

3.4　参数自适应方法

　　根据系统动态误差分析可知,DO 模型具有一定的适应范围,动态误差很大程度取决于模型参数的取值,3.3 节给出了模型参数的对应关系,仍然需要获知目标的机动频率,但在实际跟踪过程中非合作目标的先验信息往往难以获取。针对这一问题,主流的解决方法是在滤波过程中不断收集信息自适应调整模型参数,实现模型参数与实际运动的准确匹配。DO 模型中参数为 β 及 α，其中 α 值难以精确的衡量，β 有直观的物理含义，能够通过一些方法进行量化。

HGV 摆动式弹道具有较好的周期性质，根据这一特性提出跳跃点辨识的参数自适应方法，但量测噪声会导致滤波轨迹存在局部的波动。因此，将滤波高度层位置量进行归一量化，可以避免局部最优点的出现。

5 km 区间的归一量化。临近空间高度覆盖为 20 km～100 km，HGV 目标飞行高度大多位于 30 km～60 km 高度范围内，量化区间选取过大会导致自适应延迟较长，区间太小则可能出现跳跃点判断不准确。综合考虑选取 5 km 的量化区间，将空间高度层 20 km～100 km 分为 $h_1 \sim h_{16}$，确定目标跳跃点所在的 5 km 区间。则有

$$\begin{cases} h_i(k)=i(k) \\ i(k)=5000\,\mathrm{ceil}\left[\dfrac{\hat{\boldsymbol{X}}_h(k\,|\,k)}{5000}\right] \end{cases} \tag{3.28}$$

式中：$\hat{\boldsymbol{X}}_h(k\,|\,k)$ 为 k 时刻高度的滤波分量，ceil[·] 为向上取整函数。由式（3.28）可知，$h_i(k)$ 为整数，k 时刻与 $k+1$ 时刻高度层关系为

$$\begin{cases} h_j(k+1)=h_i(k) & \text{I} \\ |\,h_j(k+1)-h_i(k)\,|=1 & \text{II} \\ |\,h_j(k+1)-h_i(k)\,|\geqslant 2 & \text{III} \end{cases} \tag{3.29}$$

当出现情况 I 时，目标在同一高度层运动。当出现情况 II 时，目标高度层出现波动，可知目标 k 时刻位于 5 km 高度层的分界线附近，此后若目标在新高度层中稳定停留一段时间 $h_i(k+1)=h_j(k+n)$（本文取 n 为 5），则认为目标进入了新高度层；若 $h_j(k+1) > h_i(k)$，目标高度层上升；若 $h_j(k+1) < h_i(k)$，目标高度层下降。当出现情况 III 时，滤波误差过大导致目标跨越高度层，认为该点为野值点。

在情况 II 的基础上，当目标左右高度层变化不同时，则当前高度层存在跳跃点，而当前高度层边界对应的时间均值，为跳跃点的滤波时间。由于峰值与谷值跳跃点交替出现，因此半周期 $0.5\Delta T_c$ 为两跳跃点的时间差，$\beta=2\pi/\Delta T_c$。最大相关衰减量取合理参考区间的中点位置，即 $0.35\beta/2\pi$。

3.5　仿真分析

这一节构建了 HGV 跳跃滑翔轨迹，其仿真实验致力于分析本文模型与其他模型在跟踪效果方面的优越性。我们设定了两种不同的仿真场景：类周期轨迹跟

踪滤波和非周期轨迹跟踪滤波,它们的主要区别在于目标运动轨迹。其中,为了验证周期性对跟踪模型的影响,类周期轨迹参考文献[32]轨迹设定,为类周期轨迹跟踪。

3.5.1 观测模型

在跟踪过程中,目标跟踪模型通常在笛卡尔坐标系下建立,而雷达的量测信息一般都是在球/极坐标下的数据。针对这一问题,文献[125]采用量测的转换,本文不考虑目标的横向机动,采用修正的二维无偏转换,实现量测信息从极坐标系到笛卡尔坐标系的过渡:

$$\begin{cases} x = \lambda_E^{-1} r_m \cos E \\ y = \lambda_E^{-1} r_m \sin E \end{cases} \tag{3.30}$$

式中:$\lambda_E = e^{-\sigma_E^2/2}$,其中 σ_E^2 为仰角误差平方,r_m 为目标距离,E 为仰角。则量测噪声协方差矩阵 $\boldsymbol{R}$ 为

$$\boldsymbol{R} = \begin{bmatrix} r_{xx} & r_{xy} \\ r_{yx} & r_{yy} \end{bmatrix} \tag{3.31}$$

基于修正无偏转换的量测噪声协方差为

$$\begin{cases} r_{xx} = -\lambda_E^2 r_m^2 \cos^2 E + \dfrac{1}{2}(r_m^2 + \sigma_r^2)(1 + \lambda_E' \cos 2E) \\ r_{xy} = -\lambda_E^2 r_m^2 \sin E \cos E + \dfrac{1}{2}(r_m^2 + \sigma_r^2)\lambda_E' \sin 2E \\ r_{yy} = -\lambda_E^2 r_m^2 \sin^2 E + \dfrac{1}{2}(r_m^2 + \sigma_r^2)(1 - \lambda_E' \cos 2E) \end{cases} \tag{3.32}$$

式中:σ_r^2 为测距误差平方,$\lambda_E' = e^{-2\sigma_E^2} = \lambda_E^4$。

3.5.2 类周期轨迹跟踪滤波

类周期轨迹跟踪滤波主要分为四个部分:一是仿真轨迹生成;二是类周期轨迹跟踪精度比较;三是 DO 模型参数对跟踪误差及动态误差稳态值的影响分析;四是 DO 模型参数自适应方法的有效性验证。

1. 仿真轨迹生成

由于助推滑翔式飞行器无法实现较为标准的类周期飞行,因此,参考文献[32]设定类周期轨迹。运动微分方程组如下:

$$\begin{cases} \dot{r}=V\sin\theta \\[2mm] \dot{\lambda}=\dfrac{V\cos\theta\sin\sigma}{r\cos\phi} \\[2mm] \dot{\phi}=\dfrac{V\cos\theta\cos\sigma}{r} \\[2mm] \dot{V}=\dfrac{1}{m}(P\cos\alpha_c-D)-g\sin\theta \\[2mm] \dot{\theta}=\dfrac{\cos\upsilon_c}{mV}(P\sin\alpha_c+L)-\left(\dfrac{g}{V}-\dfrac{V}{r}\right)\cos\theta \\[2mm] \dot{\sigma}=\dfrac{(L+P\sin\alpha_c)\sin\upsilon_c}{mV\cos\theta}+\dfrac{V\cos\theta\sin\sigma\tan\phi}{r} \\[2mm] \dot{m}=-\dfrac{P}{gI_{sp}} \end{cases} \tag{3.33}$$

其中升力及阻力为

$$\begin{cases} L=\dfrac{1}{2}\rho(h)V^2S_{re}C_L(\alpha_c) \\[2mm] D=\dfrac{1}{2}\rho(h)V^2S_{re}C_D(\alpha_c) \end{cases} \tag{3.34}$$

升力系数及阻力系数公式参见文献[126]：

$$C_L(\alpha_c)=\begin{cases} 0.00764151\times[(5°+\alpha_c)]^{1.25}, & \alpha_c\geqslant-5° \\[2mm] -0.00764151\times[-(5°+\alpha_c)]^{1.25}, & \alpha_c<-5° \end{cases} \tag{3.35}$$

$$C_D(\alpha_c)=0.00828+1.1C_L^2(\alpha_c)$$

参数定义及部分参数初始值设定如表 3.1 所示。

表 3.1　参数定义及初始值设定

符　号	定　义	初　始　值
r	地心距	——
V	速度	4.8 Ma
θ	速度倾角	0.05 rad
λ	经度	0 rad
σ	速度方位角	-0.3 rad
ϕ	纬度	1.75 rad
m	质量	800 kg
P	推力	——
α_c	攻角	参见图 3.4

续表

符　号	定　义	初　始　值
D	空气阻力	—
g	重力加速度	—
v_c	倾侧角	0 倾侧角模式
L	气动升力	—
I_{sp}	比冲	4300 N·s/kg
h	目标地面高度	21 km
$\rho(\cdot)$	当地点大气密度	—
S_{re}	目标等效面积	2.5 m²

　　根据飞行器受力情况,可以将飞行轨迹分为动力段 $P \neq 0$ 和滑翔段 $P = 19000$ N。本文设定倾侧角为 $0°$,通过攻角控制飞行器在纵向平面飞行。

　　如图 3.4 所示,控制参数在动力段设定如下。飞行器初始高度、速度马赫数、速度倾角分别为 $h_a = 21000$ m、4.8、$\theta = 0°$。在这一阶段飞行器以 $\kappa_a = 3.2°$ 爬升至高度 $h_b = 24100$ m,进入无动力滑翔阶段。

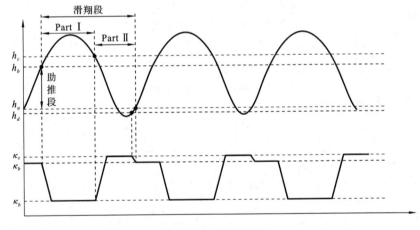

图 3.4　攻角模式

　　滑翔阶段控制参数设定分为以下两个部分。

　　Part Ⅰ:攻角减小至 $\kappa_b = -6.9°$,然后滑翔至高度 $h_c = 24700$ m,进入 Part Ⅱ。

　　Part Ⅱ:攻角增加至 $\kappa_c = 3.7°$,保持攻角 κ_c 不变并滑翔至高度 $h_d = 20800$ m,最后调整攻角至 $\kappa_a = 3.2°$。完成一个周期的控制参数设定(注:攻角调整速度为

$\pm 10°/\mathrm{s}$)。

2. 类周期轨迹跟踪精度比较

假定目标巡航时间 300 s,巡航周期为 $\Delta T_c = 100$ s,其初始位置与雷达地面距离 300 km,高度 21 km,最大巡航速度 5.2 Ma,目标周期巡航轨迹如图 3.5 所示。不考虑地球曲率对视距的影响假定雷达能全程掌握目标,雷达采样时间 0.1 s,量测距离误差 $\sigma_r = 100$ m,仰角误差 $\sigma_E = 0.2°$。选用常规模型 Singer、CS、Jerk、SCT 以及周期建模的 SW、"当前统计"正弦模型[34](current statistics-sine wave, CS-SW)与 DO 模型进行仿真比较,CS-SW 模型参数参见文献[34],SW 状态转移矩阵及过程噪声协方差矩阵参见文献[32]),其中机动时间常数为 20,加速度方差 $\sigma_a^2 = 10^2$,加加速度方差 $\sigma_a^2 = 1^2$,角速度方差 $\sigma_w^2 = 50$,CS 中最大加速度 $a_{\max} = 10$ g,机动振荡频率或机动周期角速率为 $\beta = 0.06$ rad/s,最大相关衰减量 $\alpha = 1/300$(最大相关衰减量合理参考区间的中点位置 $0.35\beta/2\pi$),蒙特卡洛次数为 100。仿真结果如图 3.5、图 3.6 所示。

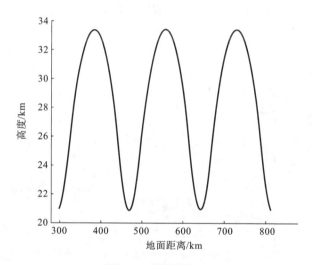

图 3.5　类周期轨迹

常规跟踪模型跟踪结果分析:在位置误差方面,如图 3.6(a)所示,SCT 通过角速度变化描述目标运动特性,受到 CT 适合匀速转弯运动的限制,跟踪高超声速目标时滤波误差较大且起伏严重;Singer、CS、Jerk 滤波误差随目标机动强度变化而变化,特别是突发机动,如在 100 s、140 s、200 s、240 s 时刻目标处于跳跃点位置,其加速度变化较大,该点误差值上升明显,尤其是 Singer 模型,适合描述匀速到匀加速之间的运动,在强机动时误差急剧增大。在速度误差方面,如图 3.7(a)所示,SCT 滤波误差整体水平高;目标在弱机动时,常规机动模型 Singer、CS 以及 Jerk

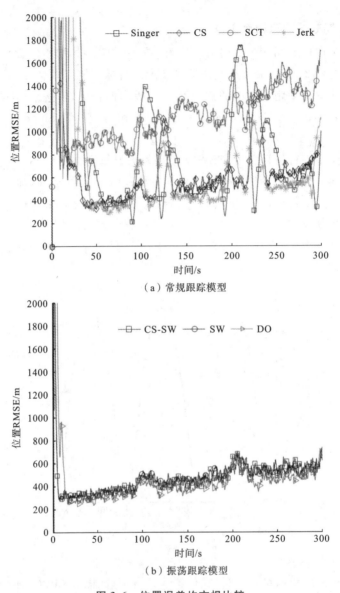

（a）常规跟踪模型

（b）振荡跟踪模型

图 3.6 位置误差均方根比较

注：RMSE 为均方根误差（root mean squared error, RMSE）。

具有较高的跟踪精度，与 CS-SW、SW、DO 模型滤波精度相当，甚至略优于 CS-SW、SW、DO 模型，但在强机动阶段，振荡跟踪模型明显优于常规跟踪模型。

振荡跟踪模型跟踪结果分析：在位置误差方面，如图 3.6（b）所示，振荡跟踪模型能较为精确的描述具有类周期性的目标运动，相比于常规跟踪模型 Singer、CS、

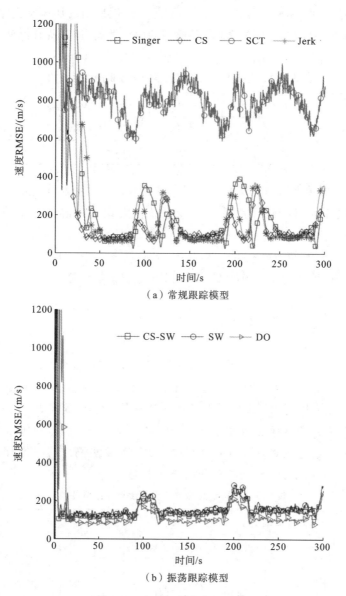

（a）常规跟踪模型

（b）振荡跟踪模型

图 3.7　速度误差均方根比较

Jerk 以及 SCT 误差水平小，整体误差曲线较为稳定。机动振荡模型 CS-SW、SW 以及 DO 的整体滤波误差较为平稳，在强机动时能有效抑制误差升高，只在发动机点火拉升位置附近误差升高，并能较快的收敛，在无动力滑翔的跳跃点位置无特别明显的误差升高。在振荡跟踪模型中，DO 误差最小，CS-SW 次之，SW 最大。在速度误差方面，如图 3.7（b）所示，振荡跟踪模型的速度误差收敛速度快，整体水平较为平稳,其中 DO 模型通过相关衰减能更好描述周期间的加速度变化,其精度略优于 CS-SW 及 SW 的。为更好比较各模型的跟踪性能,计算所有模型的位置及速度误差统计平均如表 3.2 所示(从 30 s 位置开始统计平均)。

表 3.2 目标周期巡航时位置与速度误差统计平均

类　　型	Singer	CS	SCT	Jerk	CS-SW	SW	DO
位置误差	832	595	1146	628	462	465	409
速度误差	185	163	799	167	147	164	113

3. DO 模型参数对跟踪误差及动态误差稳态值的影响分析

为分析参数对 DO 模型跟踪误差及系统动态误差稳态值的影响,以类周期轨迹跟踪精度比较场景中 DO 模型设置的参数为参考,分别在固定一个参数的条件下对另一参数增加或减少 1/3,其中 ADO 为参数自适应的 DO 模型,β 初始值为 0.08,α 初始值为 1/200,仿真结果如下。由于篇幅限制仅给出位置分量的比较结果。

1) 模型参数对跟踪误差的影响分析

参数对跟踪误差的影响分析:如图 3.8(a)所示,当 α 改变 1/3 时,跟踪误差的整体水平上升,当 α 减小时,模型衰减性强度减弱,周期性增强,在无动力与有动力转换点误差变化增大;当 α 增大时,模型衰减性增强,周期性减弱,突发机动时误差波动减小,误差曲线更加平滑。图 3.8 中的"➝"曲线,相比于 α,当 β 改变相同量时,跟踪误差上升的量度较小,特别是在突发机动的位置,误差的包络与参数未改变时非常接近,这也从侧面说明了模型对 α 的敏感度更高。其位置及速度误差统计平均如表 3.3 所示(从 50 s 位置开始统计平均)。

表 3.3 不同参数的位置与速度误差统计平均

类　　型	α 改变		β 改变		参数不变	ADO
	$\alpha=1/900$	$\alpha=2/300$	$\beta=0.04$ rad/s	$\beta=0.08$ rad/s		
位置误差	461	477	432	447	409	439
速度误差	141	146	121	133	113	134

2) 模型参数对系统动态误差稳态值的影响分析

参数对系统动态误差稳态值的影响分析:共分为三个部分,一是动态误差稳态值的物理含义分析;二是动态误差稳态值稳定的原因分析;三是 DO 模型参数设置的合理性分析。

动态误差稳态值的物理含义分析。系统动态误差稳态值不等同于跟踪精度、

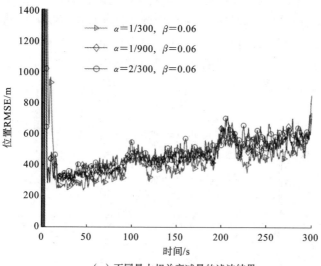

（a）不同最大相关衰减量的滤波结果

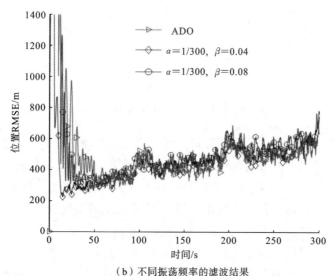

（b）不同振荡频率的滤波结果

图 3.8　不同参数的位置误差均方根

滤波误差等衡量具体跟踪算法性能的指标,根据动态误差稳态值的通式可知,动态误差稳态值没有明确的量度及量纲。在目标跟踪问题中量测数据可以看作真实运动模式＋噪声,系统动态误差稳态值可以理解为在卡尔曼滤波稳态条件下(本文使用卡尔曼滤波)跟踪模型与真实运动趋近程度的极限,同时忽略了随机误差的存在,因此,动态误差稳态值不能作为衡量算法性能的指标。例如,CS 模型通过均值补偿其动态误差稳态值恒为零,但不代表其跟踪精度最高,本文将其作为在仿真环境不变情况下模型参数合理设计的一个参考,同样的,这一参考只能大致判别出参数设计的优劣,若误差稳态值相差较小时,无法获知其跟踪精度的优劣。如图 3.9 所示,误差稳态值经过初始阶段的波动,最后都收敛于稳定值,即认为当前模型与真实系统的近似程度稳定。

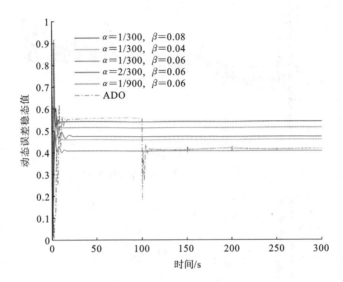

图 3.9 不同参数的系统动态误差稳态值

动态误差稳态值稳定的原因分析。在跟踪过程中动态误差稳态值描述的是模型与真实运动模式近似程度,从跟踪起始经过一段时间的量测修正后慢慢收敛于定值。此时,模型认为已经处于稳定的描述真实运动模式,当目标出现机动时,模型不能觉察出真实运动模式的变化,依旧认为在稳定的描述真实运动模式,将残差的上升归结于随机误差的增大,进而通过协方差做一定程度的误差修正。这就是突发机动时动态误差稳定值保持不变而跟踪误差上升的原因,在某种意义上这一特点保证了跟踪算法的稳定性,不会轻易地因为误差的升高而重新调整模型的结构。若要改变动态误差稳态值,则需要打破当前的稳态,主要有两种方式:一是突发机动导致的误差较大,足以让模型分辨出真实运动模式的变化并重新波动近似;二是通过调整参数直接改变模型的结构。

DO 模型参数设置的合理性分析。对比图 3.9 中五种不同参数设定的动态误差稳态值,可得以下结论。

一是改变 α 后引起的动态误差稳态值的变化量大于改变 β 后的,若动态误差稳态值分别在 α 及 β 维度上的梯度均匀,可验证动态误差稳态值对 α 敏感度高于

对 β 的敏感度。

二是 α 增加与减少 1/3 的动态误差稳态值相近, β 也存在这一情况,若模型在两个参数上的呈梯度均匀变化,则两个改变了的参数中心位置接近最优点参数设定。因此,当 $\beta=0.06$ 时, $\alpha=1/300$ 位于最优值附近,这也是类周期轨迹跟踪精度比较场景中 DO 模型参数设定的依据。

4. DO 模型参数自适应方法的有效性验证

模型参数自适应对跟踪性能的影响分析:分别从跟踪误差、系统动态误差稳态值及跳跃点识别三个方面分析参数自适应方法对跟踪性能的影响。

跟踪误差方面。如图 3.8(a)所示,ADO 前阶段滤波误差较大,波动较为严重,收敛时间相对较长,经过 100 s 后的参数调整, β 趋近目标真实运动周期,后阶段滤波误差整体水平略小于图 3.8(b)其他两种。如表 3.3 所示,ADO 的误差统计平均在仿真中效果并非最优,但非合作目标先验信息完全未知的情况下,通过参数自适应来调整模型与运动模式匹配程度,是一种较为安全、稳妥的方式。

系统动态误差稳态值方面。如图 3.9 所示,ADO 参数调整前系统动态误差稳态值较大,调整后 β 趋近目标真实周期, α 趋近 1/300,因此,其动态误差稳态与 $\beta=0.06$, $\alpha=1/300$ 时相近。在 150 s、200 s、250 s 附近检测到跳跃点, β 进行微调,动态误差稳态存在突变点,但目标周期固定, β 在 100 s 已经修正接近真实值。因此,后期调整动态误差突变的幅度较小。

跳跃点识别方面。如图 3.10 所示,通过对滤波高度层归一量化,避免了量测噪声导致滤波轨迹局部波动的问题,目标高度层呈阶梯状分布,仅在高度层边界位

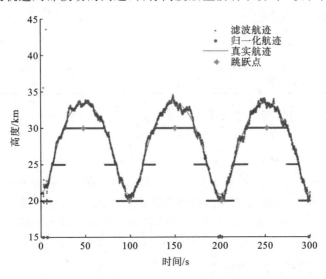

图 3.10　振荡频率自适应

置存在少量的扰动点,只有目标稳定连续在另一高度层时,认为目标进入新高度层,并基于高度层变化确定目标跳跃点所在高度层,进而提取这一高度层的时间信息,最终由相邻跳跃点时间差得到振荡周期。由仿真结果可知,跳跃点位置判断较为准确。

3.5.3 非周期轨迹跟踪滤波

1. 仿真轨迹生成

非周期轨迹跟踪滤波采用非周期轨迹,采用固定攻角,固定倾侧角形式。轨迹生成初始值如表 3.4 所示。

表 3.4 轨迹初始值设定

参　　数	初　　始　　值
V	5000 m/s
θ	0 rad
λ	0 rad
σ	0 rad
ϕ	0 rad
m	907.2 kg
α_c	15°固定攻角
v_c	0 倾侧角
h	50 km
S_{re}	0.8839 m²
飞行时间	400 s

其中,升阻力系数与攻角关系式为[127]

$$\begin{cases} C_L(\alpha_c) = -0.126 + 2.9424\alpha_c \\ C_D(\alpha_c) = 0.0834 - 0.1876\alpha_c + 2.7484\alpha_c^2 \end{cases} \tag{3.36}$$

轨迹运动微分方程参见式(3.33),其中推力为零即可。其轨迹如图 3.11 所示(标记"△"为起点)。在航程方向及高度方向进行跟踪,常规模型参数不变,振荡模型 $\alpha = 0.001$,$\beta = 0.005$,其余参数与类周期轨迹跟踪滤波场景相同,滤波结果如图 3.12 所示。

2. 非周期轨迹跟踪精度比较

常规跟踪模型跟踪结果分析:如图 3.12(a)所示,SCT 滤波发散;由于助

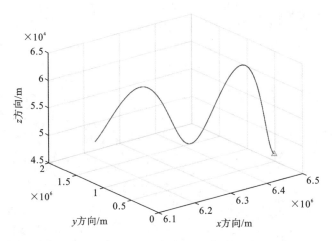

图 3.11　非周期滑翔轨迹

推滑翔式目标仅通过机体与空气作用实现机动,目标机动能力相对较弱,目标近似匀速或匀加速运动,Singer 滤波的精度很高;CS 本质是非零加速度均值的 Singer 模型,其滤波误差曲线较为稳定;Jerk 滤波适用于机动较强情况,滤波效果较差。

振荡跟踪模型跟踪结果分析:如图 3.12 所示,CS-SW、SW 及 DO 滤波误差整体水平较为接近,没有明显的误差尖峰,由于 HGV 周期不恒定,并且机动振荡频率 β 设定与真实频率存在差异,导致误差存在一定的波动,并随着时间的推移,波动幅度增大。此外,SW 及 DO 模型收敛速度较慢,CS-SW 模型通过均值补偿更加接近于 CS 模型,但其均值补偿方式不完整。总体而言,振荡跟踪模型性能优于常规跟踪模型的,DO 模型的整体效果最好。

综上,相对运动学模型而言,正如我们在不同轨迹跟踪精度比较中分析的,SCT 建立在匀速转弯 CT 基础之上,难以准确描述高超声速目标加速度变化特别是在跳跃点位置,跟踪精度较低;Singer 认为目标机动相关性呈指数衰减,并假定加速度服从均匀分布,Singer 模型描述匀速到匀加速运动精度较高,跟踪高超声速目标时由于跳跃点的机动强度较大,导致滤波误差起伏较大;CS 模型引入非零加速度均值修正 Singer,能更加准确的描述当前加速度变化,但依然存在 Singer 的局限性;Jerk 在 Singer 基础上增加一个维度,使用加加速度微动描述目标机动,机动强度较大时效果略优于 Singer 及 CS 的;但常规跟踪模型 Singer、CS 及 Jerk 都没有体现 HGV 目标的类周期特性。振荡跟踪模型 SW、CS-SW 及 DO 认为加速度为周期相关,能较为准确描述跳跃式滑翔 HGV 目标运动特性,其跟踪精度优于常规的 Singer、SCT、CS 及 Jerk 模型。其中,SW 与 DO 模型的区别在于:SW 模型假

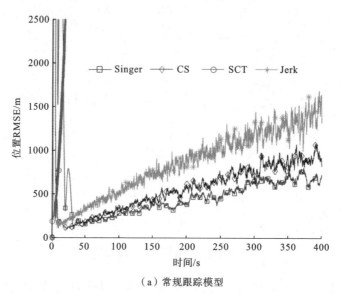

（a）常规跟踪模型

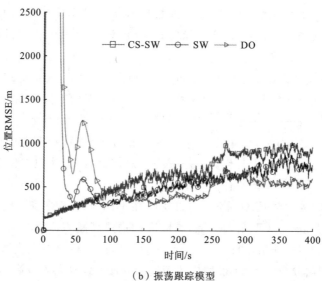

（b）振荡跟踪模型

图 3.12　位置误差均方根比较

设加速度相关为余弦函数,相邻整数周期相关性不变,加速度完全服从周期相关;
DO 模型认为加速度相关既具备周期性又具备衰减性,在短时间内其周期性体现
较为明显,长时间内相关性呈指数衰减,更加符合 HGV 机动特性,其跟踪精度略
优于 SW 及 CS-SW 的。

3.6　本章小结

跳跃滑翔 HGV 目标在临近空间跳跃飞行,常规跟踪模型难以准确的描述其运动特性。针对这一问题,本章首先提出了一种新型跟踪模型,其核心是将加速度建模为振荡函数自相关的随机过程;其次,结合滤波算法推导了系统动态误差稳态值,讨论了参数的合理区间,并提出了模型参数自适应方法;最后,对现有的典型跟踪模型进行了仿真对比,其结果表明 DO 模型跟踪跳跃式滑翔 HGV 目标时,其跟踪精度优于 SCT 模型、Singer 模型、CS 模型、Jerk 模型、SW 模型以及 CS-SW 模型的。

第4章

基于动力学建模的高超声速飞行器轨迹跟踪

HGV 从一定高度释放，当控制量不满足平衡滑翔条件时，轨迹都会出现跳跃[128]。从飞行机理来看，轨迹跳跃原因在于目标受重力作用，在下降过程中空气密度迅速增大，导致空气动力增大从而推动目标向上爬升。而传统的动力学模型跟踪这类目标时，容易出现对气动特性表征不准确导致模型失配的问题。其中，MaRV 模型假设机动再入飞行器的气动参数服从线性分段或常值，在此基础上采用指数衰减相关进行建模，对攻角变化缓慢的 HGV 跟踪性能较好，但不适用于气动力变化较大的情况[41]；倾侧以及滚转动力学模型[129,130]通过不同形式表现气动参数的耦合关系，并利用一阶 Markov 建模，但对机动的表征较为粗糙，没有反应 HGV 的气动特性规律。

针对这一问题，本章提出一种基于气动加速度的动力学跟踪模型，从作用力的角度分析了 HGV 在不同阶段的受力变化，结合 HGV 运动微分方程通过数值仿真揭示了跳跃滑翔飞行机理。理论分析表明，无论控制模式如何变化，气动升力及阻力加速度都呈谐振形式。根据这一特点将衰减振荡相关引入气动加速度建模，提出一种新的动力学模型。仿真结果表明本文模型有效性。

4.1 气动加速度特性分析

在不考虑地球自转和变率的情况下，HGV 滑翔段的运动微分方程为[131]

$$\begin{cases} \dot{r}=V\sin\theta \\[4pt] \dot{\lambda}=\dfrac{V\cos\theta\sin\sigma}{r\cos\phi} \\[8pt] \dot{\phi}=\dfrac{V\cos\theta\cos\sigma}{r} \\[8pt] \dot{V}=-\dfrac{D}{m}-g\sin\theta \\[8pt] \dot{\theta}=\dfrac{L\cos\upsilon_c}{mV}+\dfrac{V\cos\theta}{r}-\dfrac{g\cos\theta}{V} \\[8pt] \dot{\sigma}=\dfrac{L\sin\upsilon_c}{mV\cos\theta}+\dfrac{V\cos\theta\sin\sigma\tan\phi}{r} \end{cases} \tag{4.1}$$

式中:$\dot{r},\dot{\lambda},\dot{\phi},\dot{V},\dot{\theta},\dot{\sigma}$ 分别为地心距,经度,纬度,速度,速度倾角及速度方位角,均为运动状态量;υ_c 表示倾侧角,为控制量;L,D,m 分别为气动升力,阻力及飞行器质量。升力及阻力表达式为[132]

$$\begin{cases} L=C_L(\alpha_c)qS_{re}=C_L(\alpha_c)\dfrac{1}{2}\rho(h)V^2S_{re}=C_L(\alpha_c)\dfrac{1}{2}\rho_0\exp(-\gamma h)V^2S_{re} \\[10pt] D=C_D(\alpha_c)qS_{re}=C_D(\alpha_c)\dfrac{1}{2}\rho(h)V^2S_{re}=C_D(\alpha_c)\dfrac{1}{2}\rho_0\exp(-\gamma h)V^2S_{re} \end{cases} \tag{4.2}$$

式中:$C_L(\alpha_c)$ 及 $C_D(\alpha_c)$ 分别为升力及阻力系数,α_c 表示攻角,q 为动压,$\rho(h)$ 为目标当地大气密度(采用指数形式)[26,41],ρ_0 为标准大气密度,γ 为高度常数,h 为目标高度,S_{re} 为飞行器等效面积。根据 CAV-H 公开参数,并参见文献[127]升力及阻力系数拟合公式为

$$\begin{cases} C_L(\alpha_c)=-0.126+2.9424\alpha_c \\[6pt] C_D(\alpha_c)=0.0834-0.1876\alpha_c+2.7484\alpha_c^2 \end{cases} \tag{4.3}$$

HGV 从一定高度释放,若飞行器不满足平衡滑翔状态时,HGV 轨迹都会产生跳跃[7]。目标在临近空间中跳跃飞行,仅受升力 L、空气阻力 D 及重力 G 的影响,D 与速度方向相反,而 $L\perp D$,在任意时刻升力 L 仅改变速度 V 方向不改变速度大小。因此,速度数值变化仅与空气阻力 D 及重力 G 有关。

4.1.1　速度变化规律

如图 4.1 所示,θ 为速度倾角,a_D 为阻力加速度。由此可知:在 HGV 上升阶段,由于 a_D 始终与速度方向相反,做减速运动,并且重力加速度分量 $g_D=g\sin(\theta)$ 与速度方向相反,g_D 对速度起减速作用。因此,轨迹上升阶段速度 V 呈下降趋势。

在 HGV 下降阶段,g_D 与速度方向一致,g_D 对速度起加速作用,而阻力加速度 a_D 一直对速度起减速作用。此时,V 的变化取决于 a_D 与 g_D 大小。根据文献

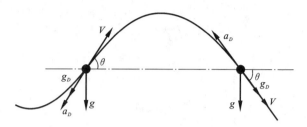

图 4.1 HGV 上升与下降阶段受力分析

[127,133,134]可知 θ 较小,一般不超过 $\pm 6°$,从而造成 g_D 较小。因此,a_D 是影响 V 变化的主要因素,而当目标爬升高度较大、空气密度较小,导致空气阻力较小时,若 θ 相对较大则重力加速度分量会对速度数值产生一定影响,但影响程度不大,可以通过数值仿真分析 a_D 及 g_D 数值大小。

假定 HGV 质量 $m = 907.2$ kg,飞行器等效面积 $S_{re} = 0.4839$ m²,攻角 $\alpha_c = 15°$,高度常数 $\beta = 1/7110$ m,海平面大气密度 $\rho_0 = 1.225$ kg/m³。根据式(4.3)得到升力及阻力系数。当速度倾角较大 $\theta = 6°$ 时,g_D 及 a_D 的分布如图 4.2 所示。

如图 4.2 所示,深色部分为 g_D,浅色部分为 a_D。g_D 受高度、速度变化的影响不大,其数值较为平稳;a_D 总体受高度及速度变化影响较大,在速度为 10 Ma 左右时,阻力加速度在 35 km～45 km 高度之间变化剧烈,且在低层对高度变化更为灵敏。在 50 km 以上高层时,a_D 对速度及高度变化迟钝,数值基本趋近于 0 且平稳。根据 g_D 及 a_D 可以分析速度数值的变化趋势。

如图 4.3 所示,最上面一条曲线表示目标纵向轨迹。若 θ 较小时,速度变化如中间那条曲线 V_1 所示,从 h_A 点开始(假定 h_A 点处于上升段,且 h_A 较大,此时 a_D 量级较小)、g_D 及 a_D 对速度起减速作用,由于高度较大、速度倾角较小,导致 g_D 及 a_D 非常小,速度略呈平稳趋势,直到飞行高度到达峰值点 h_B,此时 a_D 最小,越过峰值点后 g_D 对速度起加速作用,a_D 起减速作用,但 g_D 及 a_D 数值依然非常小,速度依旧不会出现较大变化。随着高度降低,a_D 开始增大,在平衡点高度时 a_D 与 g_D 大小相当,然后高度继续降低,在 30 km～45 km 高度层,a_D 迅速增大远超 g_D,导致速度急剧降低,直到高度下降至谷值点 h_C,此时 a_D 最大。然后目标开始爬升,但 a_D 依然很大,速度降低较快,随高度增大及速度减小,a_D 降低至小量,完成一个周期的速度变化。

图 4.3 中,当 θ 较大时,速度变化如最下面一条曲线 V_2 所示,其大致过程、趋势与大速度倾角时一致,区别在于靠近 h_A 位置呈现平稳的时间较长,其原因在于速度倾角较大时,a_D 值较小,需要较长的时间才能与 g_D 平衡。此外,在下降过程中,g_D 相对较大会导致速度下降更快。

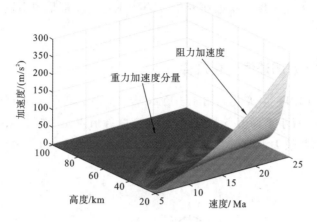

（a）重力加速度分量及气动阻力加速度整体分布

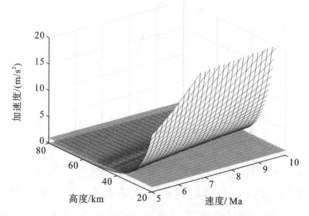

（b）重力加速度分量及气动阻力加速度局部分布

图 4.2　重力加速度分量及气动阻力加速度随高度及速度变化分布

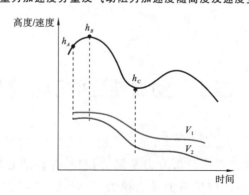

图 4.3　速度变化规律

总体而言,无论速度倾角如何变化,HGV 飞行速度都呈现出近似阶梯下降的形式。

4.1.2　气动加速度变化规律

气动升力加速度 a_L 变化如图 4.4 所示,从 h_A 到最高点 h_B,空气密度降低,速度下降,导致 a_L 减小至谷值点。而在 h_B 到高度谷值点 h_C 之间,虽然速度呈下降趋势,但速度基数较大,且空气密度急剧增大,导致 a_L 在 h_C 出现峰值点,进而完成一个周期的起伏。

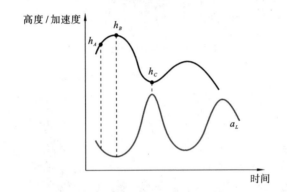

图 4.4　气动升力加速度变化规律

此外,由于 h_C 位置附近空气密度对于高度灵敏度远超 h_B 点。因此,h_C 位置附近的 a_L 曲线更加陡峭,h_B 位置附近曲线稍显平缓。但总体呈现正/余弦的周期性变化规律,并且由于速度呈阶梯下降趋势,导致 a_L 振荡幅度呈衰减趋势。

同理分析,可知阻力加速度 a_D 与升力加速度 a_L 变化规律一致,只是幅度有所差异。

4.2　基于气动加速度的动力学模型

假定雷达站坐标为东北天(east north up,ENU)坐标系,在半速度(velocity turn climb,VTC)坐标系中分析升力及阻力模型,并在地心惯性(earth centered interval,ECI)坐标系中构建重力及表视力模型[41]。飞行器的运动加速度表达式为

$$\ddot{\boldsymbol{r}} = \boldsymbol{g} \underbrace{-\boldsymbol{\omega}_e \times (\boldsymbol{\omega}_e \times \boldsymbol{r}) - \boldsymbol{\omega}_e \times \dot{\boldsymbol{r}}}_{\mathrm{I}} + \boldsymbol{a}_D + \boldsymbol{a}_L \tag{4.4}$$

式中:$\ddot{\boldsymbol{r}}$ 为运动加速度,$\boldsymbol{g}$ 为重力加速度,I 部分为表视力加速度,$\boldsymbol{\omega}_e$ 地球自转角速度。

4.2.1　基于气动加速度的动力学模型构建

1. 重力及表视力加速度模型

假设目标在 ECI 及 ENU 坐标系下位置状态分别为 $\boldsymbol{X}_{\mathrm{ECI}}$、$\boldsymbol{X}_{\mathrm{ENU}}$,假定雷达站的经纬高为 L_0、B_0、H_0,可知 ECI 到 ENU 的转换为[135]

$$\boldsymbol{X}_{\mathrm{ENU}} = \boldsymbol{T}_{\mathrm{ECI}}^{\mathrm{ENU}} \boldsymbol{X}_{\mathrm{ECI}} - [0, 0, R_e + H_0]^{\mathrm{T}} \tag{4.5}$$

式中:转换矩阵

$$\boldsymbol{T}_{\mathrm{ECI}}^{\mathrm{ENU}} = \begin{bmatrix} -\sin(L_0 + \omega_e t) & \cos(L_0 + \omega_e t) & 0 \\ -\cos(L_0 + \omega_e t)\sin(B_0) & -\sin(L_0 + \omega_e t)\cos(B_0) & \cos(B_0) \\ \cos(L_0 + \omega_e t)\cos(B_0) & \sin(L_0 + \omega_e t)\cos(B_0) & \sin(B_0) \end{bmatrix},$$

R_e 为地球等效半径,$\omega_e t$ 为从参考时刻到 t 时刻 ECI 和地心(earth central,EC)坐标系的夹角(一般假定雷达探测到目标开始 ECI 和 EC 坐标系重合)[41],则 ENU 坐标系下目标加速度为

$$\ddot{\boldsymbol{X}}_{\mathrm{ENU}} = \underbrace{\boldsymbol{T}_{\mathrm{ECI}}^{\mathrm{ENU}} \ddot{\boldsymbol{X}}_{\mathrm{ECI}}}_{\mathrm{I}} + \underbrace{2\dot{\boldsymbol{T}}_{\mathrm{ECI}}^{\mathrm{ENU}} \dot{\boldsymbol{X}}_{\mathrm{ECI}} + \ddot{\boldsymbol{T}}_{\mathrm{ECI}}^{\mathrm{ENU}} \boldsymbol{X}_{\mathrm{ECI}}}_{\mathrm{II}} \tag{4.6}$$

式中:I 部分为重力加速度在 ENU 坐标系的具体表现,即 $\boldsymbol{g}$。由于 ECI 到 ENU 坐标系的加速度转换是以目标位置为基础的,利用对时间的二阶导数得到加速度的坐标转换,在这一过程中转换矩阵 $\boldsymbol{T}_{\mathrm{ECI}}^{\mathrm{ENU}}$ 为时间的函数,导致最终重力加速度的转换附带有 II 部分,即表视力加速度。

2. 气动加速度模型

气动力包括升力及阻力,在 VTC 坐标下对气动力加速度 $\boldsymbol{a}_A$ 进行建模:

$$\boldsymbol{a}_A = \frac{1}{2}\rho(h)v^2 [\boldsymbol{u}_v, \boldsymbol{u}_t, \boldsymbol{u}_c][-a_D, a_T, a_C]^{\mathrm{T}} \tag{4.7}$$

式中:$\boldsymbol{u}_v, \boldsymbol{u}_t, \boldsymbol{u}_c$ 分别为 VTC 坐标轴的单位向量,$v = \| \dot{\boldsymbol{r}} \|$ 为速度,a_T 及 a_C 为升力加速度 a_L 的分量,其关系式为

$$\begin{cases} a_T = -\dfrac{C_L(\alpha_c)S_{re}}{m}\sin(v_c) = -a_L\sin(v_c) \\ a_C = \dfrac{C_L(\alpha_c)S_{re}}{m}\cos(v_c) = a_L\cos(v_c) \end{cases} \tag{4.8}$$

式中:VTC 坐标系中的 a_T,a_C 具有明确的物理含义。a_T 决定了目标在横向平面的运动方式,当 $a_T>0$ 时,目标左转,$a_T<0$ 时,目标右转;a_C 决定了目标在纵向平面的运动方式,当 $a_C>0$ 时,目标向上爬升,$a_C<0$ 目标俯冲下降。

根据 VTC 坐标系与 ENU 坐标系的转换规则,气动加速度 $\boldsymbol{a}_A$ 在 ENU 坐标系下的加速度分量为[45]

$$\boldsymbol{a}_A^{\text{ENU}} = \frac{1}{2}\rho(h)v^2 \boldsymbol{T}_{\text{VTC}}^{\text{ENU}} [-a_D, a_T, a_C]^{\text{T}} \tag{4.9}$$

式中:$\boldsymbol{T}_{\text{VTC}}^{\text{ENU}} = \begin{bmatrix} \dfrac{v_x}{v} & -\dfrac{v_y}{v_g} & -\dfrac{v_x v_z}{vv_g} \\[2mm] \dfrac{v_y}{v} & \dfrac{v_x}{v_g} & -\dfrac{v_y v_z}{vv_g} \\[2mm] \dfrac{v_z}{v} & 0 & \dfrac{v_g}{v} \end{bmatrix}$ 为转换矩阵,矩阵各元素为 ENU 坐标系下的速度分量,其中 $v=\sqrt{v_x^2+v_y^2+v_z^2}$,$v_g=\sqrt{v_x^2+v_y^2}$。

根据 4.3 节分析可知,对于不同攻角模式,升力加速度 a_L 及阻力加速度 a_D 都呈现类周期形式,且幅度随时间推移而减小。但 a_T 与 a_C 耦合,并与倾侧角相关。一般而言,倾侧角较小,且变化速度较慢。因此,对升力、阻力加速度及倾侧角正弦分量 $S_{v_c}=\sin(v_c)$ 进行机动建模。其中,a_L 及 a_D 建模为衰减振荡形式,S_{v_c} 采用指数衰减形式:

$$\begin{cases} \ddot{a}_L + 2\alpha_L \dot{a}_L + (\alpha_L^2 + \beta_L^2)a_L = \dot{w}_L + \sqrt{\alpha_L^2 + \beta_L^2}w_L \\ \ddot{a}_D + 2\alpha_L \dot{a}_D + (\alpha_D^2 + \beta_D^2)a_D = \dot{w}_D + \sqrt{\alpha_D^2 + \beta_D^2}w_D \\ \dot{S}_{v_c} = -\varepsilon S_{v_c} + w_{v_c} \end{cases} \tag{4.10}$$

式中:$\alpha_L,\beta_L,\alpha_D,\beta_D$ 分别为 a_L 及 a_D 对应的衰减系数和机动周期频率,ε 为 S_{v_c} 对应的模型参数。w_L,w_D,w_{v_c} 为三个模型的高斯白噪声。

4.2.2　基于气动加速度的动力学模型状态方程

假设目标 ENU 坐标系下的状态向量为 $\boldsymbol{X}(k)=[x,y,z,v_x,v_y,v_z,a_D,a_L,S_{v_c},$ $\dot{a}_D,\dot{a}_L]^{\text{T}}$,其中 $[x,y,z,v_x,v_y,v_z]$ 为 ENU 坐标系下的位置及速度,$[a_D,a_L,S_{v_c},\dot{a}_D,$ $\dot{a}_L]$ 为 VTC 坐标系下的气动加速度参量。目标状态方程为

$$\dot{\boldsymbol{X}} = f(\boldsymbol{X}) + \boldsymbol{w} \tag{4.11}$$

将 $f(\boldsymbol{X})$ 分为 ENU 坐标下的状态 $f_{\text{ENU}}(\boldsymbol{X})$ 及 VTC 坐标下的状态 $f_{\text{VTC}}(\boldsymbol{X})$。则有

$$f_{\text{ENU}}(\boldsymbol{X})\begin{cases} \dot{x}=v_x \\[4pt] \dot{y}=v_y \\[4pt] \dot{z}=v_z \\[4pt] \dot{v}_x=\underbrace{-\dfrac{ux}{r^3}}_{\text{I}}+\omega_e^2 x+2\omega_e v_y\sin(B_0)-2\omega_e v_z\cos(B_0)+a_x^{\text{ENU}} \\[12pt] \dot{v}_y=\underbrace{-\dfrac{uy}{r^3}}_{\text{I}}+\omega_e^2 y\sin^2(B_0)-2\omega_e v_x\sin(B_0) \\[10pt] \qquad -\omega_e^2(z+R_e)\sin(B_0)\cos(B_0)+a_y^{\text{ENU}} \\[10pt] \dot{v}_z(k)=\underbrace{-\dfrac{u(z+R_e)}{r^3}}_{\text{I}}-\omega_e^2 y\sin(B_0)\cos(B_0) \\[12pt] \qquad +\omega_e^2(z+R_e)\cos^2(B_0)+2\omega_e v_z\cos(B_0)+a_z^{\text{ENU}} \end{cases} \tag{4.12}$$

$$f_{\text{VTC}}(\boldsymbol{X})\begin{cases} \dot{a}_D=\dot{a}_D \\[4pt] \dot{a}_L=\dot{a}_L \\[4pt] \dot{S}_{v_c}=-\varepsilon S_{v_c} \\[4pt] \ddot{a}_D=-2\alpha_D\dot{a}_D-(\alpha_D^2+\beta_D^2)a_D \\[4pt] \ddot{a}_L=-2\alpha_L\dot{a}_L-(\alpha_L^2+\beta_L^2)a_L \end{cases} \tag{4.13}$$

式(4.12)中：u 为地球常数，R_e 为地球等效半径，I 部分为重力加速度分量。a_x^{ENU}，a_y^{ENU}，a_z^{ENU} 为气动加速度在 ENU 坐标的分量，其余项为表视力加速度分量。

对 $f(\boldsymbol{X})$ 求解关于 $\boldsymbol{X}$ 的雅克比矩阵 $F(\boldsymbol{X})$，则 $F(\boldsymbol{X})$ 矩阵中的非零元素为

$$F_{14}=\frac{\partial\dot{x}}{\partial v_x}=1,\quad F_{25}=\frac{\partial\dot{y}}{\partial v_y}=1,\quad F_{36}=\frac{\partial\dot{z}}{\partial v_z}=1,\quad F_{41}=\frac{\partial\dot{v}_x}{\partial x}=\frac{3ux^2}{r^5}-\frac{u}{r^3}$$

$$F_{42}=\frac{\partial\dot{v}_x}{\partial y}=\frac{3uxy}{r^5},\quad F_{43}=\frac{\partial\dot{v}_x}{\partial z}=\frac{3ux(z+R_e)}{r^5},\quad F_{51}=\frac{\partial\dot{v}_y}{\partial x}=\frac{3uxy}{r^5}$$

$$F_{52}=\frac{\partial\dot{v}_y}{\partial y}=\frac{3ux^2}{r^5}-\frac{u}{r^3},\quad F_{53}=\frac{\partial\dot{v}_y}{\partial z}=\frac{3uy(z+R_e)}{r^5},\quad F_{61}=\frac{\partial\dot{v}_z}{\partial x}=\frac{3ux(z+R_e)}{r^5}$$

$$F_{62}=\frac{\partial\dot{v}_z}{\partial y}=\frac{3uy(z+R_e)}{r^5},\quad F_{63}=\frac{\partial\dot{v}_z}{\partial z}=\frac{3u(z+R_e)^2}{r^5}-\frac{u}{r^3}$$

$$F_{44}=\frac{\partial\dot{v}_x}{\partial v_x}=\frac{v_x^2-v^2}{v^3}a_D+\frac{v_x v_y}{v_g^3}a_L S_{v_c}-\frac{v_z v_g^2 v^2-v_x^2 v_z(v_g^2+v^2)}{(vv_g)^3}a_L\sqrt{1-S_{v_c}^2}$$

$$F_{45}=\frac{\partial\dot{v}_x}{\partial v_y}=\frac{v_x v_y}{v^3}a_D-\frac{v_g^2-v_y^2}{v_g^3}a_L S_{v_c}+\frac{v_x v_y v_z(v_g^2+v^2)}{(vv_g)^3}a_L\sqrt{1-S_{v_c}^2}$$

$$F_{46}=\frac{\partial\dot{v}_x}{\partial v_z}=\frac{v_x v_z}{v^3}a_D-\frac{v_x(v^2-v_z^2)}{v_g v^3}a_L\sqrt{1-S_{v_c}^2}$$

$$F_{47}=\frac{\partial\dot{v}_x}{\partial a_D}=-\frac{v_x}{v},\, F_{48}=\frac{\partial\dot{v}_x}{\partial a_L}=-\frac{v_y}{v_g}S_{v_c}-\frac{v_x v_z}{vv_g}\sqrt{1-S_{v_c}^2}$$

$$F_{49} = \frac{\partial \dot{v}_x}{\partial S_{v_c}} = -\frac{v_y}{v_g}\alpha_L + \frac{v_x v_z}{v v_g}\alpha_L \frac{S_{v_c}}{\sqrt{1-S_{v_c}^2}}$$

$$F_{54} = \frac{\partial \dot{v}_y}{\partial v_x} = \frac{v_x v_y}{v^3}\alpha_D + \frac{v_g^2 - v_x^2}{v_g^3}\alpha_L S_{v_c} + \frac{v_x v_y v_z (v_g^2 + v^2)}{(v v_g)^3}\alpha_L \sqrt{1-S_{v_c}^2}$$

$$F_{55} = \frac{\partial \dot{v}_y}{\partial v_y} = \frac{v_y^2 - v^2}{v^3}\alpha_D - \frac{v_x v_y}{v_g^3}\alpha_L S_{v_c} - \frac{v_z v_g^2 v^2 - v_y^2 v_z (v_g^2 + v^2)}{(v v_g)^3}\alpha_L \sqrt{1-S_{v_c}^2}$$

$$F_{56} = \frac{\partial \dot{v}_y}{\partial v_z} = \frac{v_y v_z}{v^3}\alpha_D - \frac{v_y (v^2 - v_z^2)}{v_g v^2}\alpha_L \sqrt{1-S_{v_c}^2}, \quad F_{57} = \frac{\partial \dot{v}_y}{\partial \alpha_D} = -\frac{v_y}{v}$$

$$F_{58} = \frac{\partial \dot{v}_y}{\partial \alpha_L} = \frac{v_x}{v_g}S_{v_c} - \frac{v_y v_z}{v v_g}\sqrt{1-S_{v_c}^2}, \quad F_{59} = \frac{\partial \dot{v}_y}{\partial S_{v_c}} = \frac{v_x}{v_g}\alpha_L + \frac{v_y v_z}{v v_g}\frac{S_{v_c}}{\sqrt{1-S_{v_c}^2}}$$

$$F_{64} = \frac{\partial \dot{v}_z}{\partial v_x} = \frac{v_x v_z}{v^3}\alpha_D + \frac{v_x (v^2 - v_g^2)}{v_g v^3}\alpha_L \sqrt{1-S_{v_c}^2},$$

$$F_{65} = \frac{\partial \dot{v}_z}{\partial v_y} = \frac{v_y v_z}{v^3}\alpha_D + \frac{v_y (v^2 - v_g^2)}{v_g v^3}\alpha_L \sqrt{1-S_{v_c}^2}$$

$$F_{66} = \frac{\partial \dot{v}_z}{\partial v_z} = \frac{v_z^2 - v^2}{v^3}\alpha_D - \frac{v_z v_g}{v^3}\alpha_L \sqrt{1-S_{v_c}^2}, \quad F_{67} = \frac{\partial \dot{v}_z}{\partial \alpha_D} = -\frac{v_z}{v},$$

$$F_{68} = \frac{\partial \dot{v}_z}{\partial \alpha_L} = \frac{v_g}{v}\sqrt{1-S_{v_c}^2}, \quad F_{69} = \frac{\partial \dot{v}_z}{\partial S_{v_c}} = -\frac{v_g}{v}\alpha_L \frac{S_{v_c}}{\sqrt{1-S_{v_c}^2}},$$

$$F_{77} = \frac{\partial \dot{\alpha}_D}{\partial \alpha_D} = \frac{\alpha_D^2 + \beta_D^2}{2\alpha_D}, \quad F_{7,10} = 1, \quad F_{88} = \frac{\partial \dot{\alpha}_L}{\partial \alpha_L} = \frac{\alpha_L^2 + \beta_L^2}{2\alpha_L}$$

$$F_{8,11} = 1, \quad F_{99} = -\varepsilon, \quad F_{10,7} = \frac{\partial \ddot{\alpha}_D}{\partial \alpha_D} = -(\alpha_D^2 + \beta_D^2), \quad F_{10,10} = \frac{\partial \ddot{\alpha}_D}{\partial \dot{\alpha}_D} = -2\alpha_D$$

$$F_{11,8} = \frac{\partial \ddot{\alpha}_L}{\partial \alpha_L} = -(\alpha_L^2 + \beta_L^2), \quad F_{11,11} = \frac{\partial \ddot{\alpha}_L}{\partial \dot{\alpha}_L} = -2\alpha_L$$

则采用扩展卡尔曼滤波(extended Kalman filer,EKF)滤波的状态预测为

$$\hat{X}(k+1|k) = \hat{X}(k|k) + f[\hat{X}(k|k)]T + \frac{1}{2}F[\hat{X}(k|k)]f[\hat{X}(k|k)]T^2 \quad (4.14)$$

协方差预测为

$$\hat{P}(k+1|k) = Fai \cdot \hat{P}(k|k) \cdot Fai^T + Q(k) \quad (4.15)$$

式中:$Fai = I + FT$,其中 I 为单位矩阵,$Q(k)$ 为过程噪声协方差。

量测预测为

$$\hat{Z}(k+1|k) = h[k+1, \hat{X}(k+1|k)] \quad (4.16)$$

式中:$h(\cdot)$ 为量测转换函数。则状态及协方差更新为

$$\hat{X}(k+1|k+1) = \hat{X}(k+1|k) + K(k+1)[\hat{Z}(k+1) - \hat{Z}(k+1|k)]$$
$$\hat{P}(k+1|k+1) = [I - K(k+1)H(\hat{X}(k+1|k))]\hat{P}(k+1|k)$$
$$[I - K(k+1)H(\hat{X}(k+1|k))]^T$$
$$- K(k+1)R(k+1)K^T(k+1) \quad (4.17)$$

式中：$\boldsymbol{K}(k+1)$ 为滤波增益，$\boldsymbol{R}(k+1)$ 为量测噪声协方差，$\boldsymbol{H}(\hat{\boldsymbol{X}}(k+1|k))$ 为 $\boldsymbol{h}(\hat{\boldsymbol{X}}(k+1|k))$ 的雅克比矩阵。则有

$$\boldsymbol{K}(k+1)=\hat{\boldsymbol{P}}(k+1|k)\boldsymbol{H}^{\mathrm{T}}(\hat{\boldsymbol{X}}(k+1|k))$$
$$[\boldsymbol{H}(\hat{\boldsymbol{X}}(k+1|k))\hat{\boldsymbol{P}}(k+1|k)\boldsymbol{H}^{\mathrm{T}}(\hat{\boldsymbol{X}}(k+1|k))+\boldsymbol{R}(k+1)]$$

$$(4.18)$$

4.3　仿　真　分　析

4.3.1　观测模型

假设观测模型采用量测噪声修正的无偏转换[125]。则有

$$\begin{cases} x=\lambda_E^{-1}\lambda_A^{-1}r_m\cos A\cos E \\ x=\lambda_E^{-1}\lambda_A^{-1}r_m\sin A\cos E \\ z=\lambda_E^{-1}r_m\sin E \end{cases} \tag{4.19}$$

式中：$\lambda_E=\mathrm{e}^{-\sigma_E^2/2}$，其中 σ_E^2 为仰角误差平方，$\lambda_A=\mathrm{e}^{-\sigma_A^2/2}$，其中 σ_A^2 为方位误差平方，r_m 为目标距离，A,E 分别为方位角及仰角。则量测噪声协方差矩阵 $\boldsymbol{R}$ 为

$$\boldsymbol{R}=\begin{bmatrix} r_{xx} & r_{xy} & r_{xz} \\ r_{yx} & r_{yy} & r_{yz} \\ r_{zx} & r_{zy} & r_{zz} \end{bmatrix} \tag{4.20}$$

式中：$\boldsymbol{R}$ 为对称矩阵。则基于修正无偏转换的量测噪声协方差为

$$\begin{cases} r_{xx}=[(\lambda_A\lambda_E)^{-2}-2]r_m^2\cos^2A\cos^2E+\dfrac{1}{4}(r_m^2+\sigma_r^2)(1+\lambda_A'\cos2A)(1+\lambda_E'\cos2E) \\[3mm] r_{xy}=[(\lambda_A\lambda_E)^{-2}-2]r_m^2\sin A\cos A\cos^2E+\dfrac{1}{4}(r_m^2+\sigma_r^2)\lambda_A'\sin2A(1+\lambda_E'\cos2E) \\[3mm] r_{xz}=(\lambda_A^{-1}\lambda_E^{-2}-\lambda_A^{-1}-\lambda_A)r_m^2\cos A\sin E\cos E+\dfrac{1}{2}(r_m^2+\sigma_r^2)\lambda_A\lambda_E'\sin A\cos2E \\[3mm] r_{yy}=[(\lambda_A\lambda_E)^{-2}-2]r_m^2\sin^2A\cos^2E+\dfrac{1}{4}(r_m^2+\sigma_r^2)(1-\lambda_A'\cos2A)(1+\lambda_E'\cos2E) \\[3mm] r_{yz}=(\lambda_A^{-1}\lambda_E^{-2}-\lambda_A^{-1}-\lambda_A)r_m^2\sin A\sin E\cos E+\dfrac{1}{2}(r_m^2+\sigma_r^2)\lambda_A\lambda_E'\sin A\sin2E \\[3mm] r_{zz}=(\lambda_E^{-2}-2)r_m^2\sin^2E+\dfrac{1}{2}(r_m^2+\sigma_r^2)(1-\lambda_A'\cos2A) \end{cases}$$

$$(4.21)$$

式中:σ_r^2 为测距误差平方,$\lambda'_E = e^{-2\sigma_E^2} = \lambda_E^4$,$\lambda'_A = e^{-2\sigma_A^2} = \lambda_A^4$。

4.3.2 仿真轨迹设定

本章设定了 HGV 滑翔仿真轨迹用于分析不同模型的跟踪性能。轨迹生成的运动微分方程参见式(4.1),升阻力系数与攻角关系式参见式(4.3),假定高度常数 $\gamma = 1/7110$,海平面大气密度 $\rho_0 = 1.225\ \text{kg/m}^3$,其余参数初始值如表 4.1 所示。

表 4.1　轨迹初始值设定

参　　数	初　始　值
V	5000 m/s
θ	0 rad
λ	0 rad
σ	$4/9\pi$ rad
ϕ	0 rad
m	907.2 kg
h	50 km
S_{re}	0.8839 m²

其中,攻角模式表达式为

$$\alpha_c = \begin{cases} \alpha_{\max}, & V > V_1 \\ \alpha_{\text{mid}} + \alpha_{\text{bal}} \sin\left[\dfrac{\pi}{V_1 - V_2}(V - V_{\text{mid}})\right], & V_2 < V \leqslant V_1 \\ \alpha_{\max(K)}, & V \leqslant V_2 \end{cases} \tag{4.22}$$

式中:$V_{\text{mid}} = (V_1 + V_2)/2$,$\alpha_{\text{mid}} = (\alpha_{\max} + \alpha_{\max(K)})/2$,$\alpha_{\text{bal}} = (\alpha_{\max} - \alpha_{\max(K)})/2$,$\alpha_{\max} = 25°$,$\alpha_{\max(K)} = 10°$,$V_1 = 4000\ \text{m/s}$,$V_2 = 2000\ \text{m/s}$。攻角及倾侧角模式如图 4.5 所示。

观测点地理坐标为 $[12°, 1.5°, 1\ \text{km}]$。假设探测跟踪过程中无地面遮挡,传感器探测仰角为 $0° \sim 90°$,方位探测无死角。仿真轨迹及观测距离、方位及仰角如图 4.6 所示。

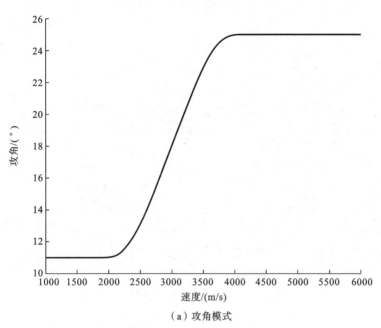

（a）攻角模式

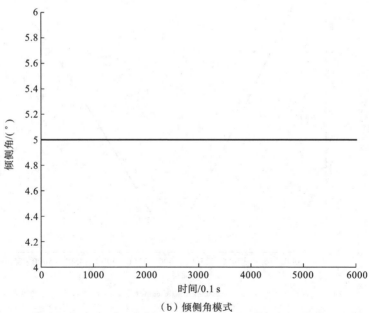

（b）倾侧角模式

图 4.5　控制模式

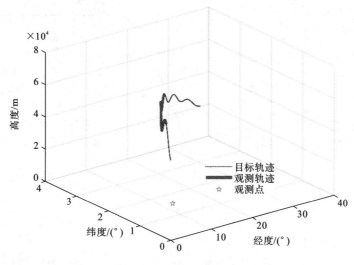

（a）目标轨迹及观测轨迹

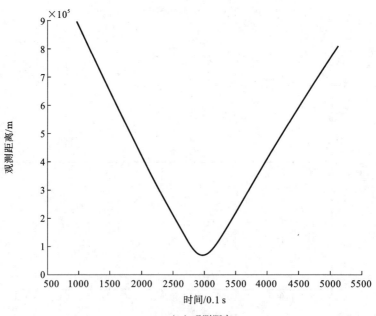

（b）观测距离

图 4.6　传感器观测信息

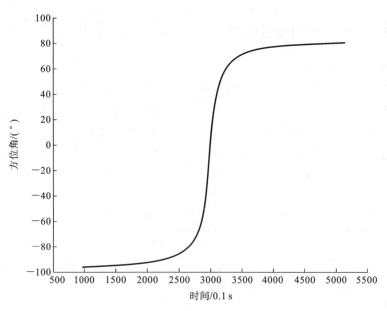

（c）观测方位角

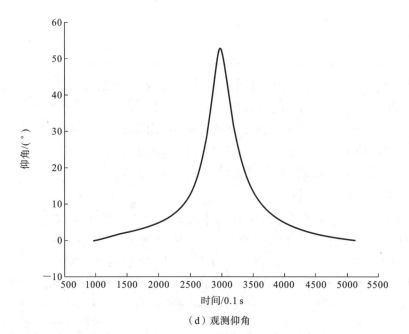

（d）观测仰角

续图 4.6

4.3.3 动力学模型跟踪滤波

1. 模型参数设置

本文以上述仿真轨迹为数据源进行跟踪,分别选取四种动力学模型,在本文中简称为 RV1、RV2、RV3 和 RV4。其中,RV1 为本章基于气动加速度的动力学模型,RV2 为气动参量解耦的一阶 Markov 模型,RV3 为爬升力气动参量与转弯力气动参量耦合的一阶 Markov 模型,RV4 为倾侧角速度谐振的一阶 Markov 模型(RV2、3、4 分布对应文献[130]中的 MaRV、Bank、Spirl 模型)。各模型参数设置如表 4.2 所示。

表 4.2 模型参数设置

模型	参 数 设 置
RV1	阻力及升力加速度二阶 Markov 建模,衰减系数 0.005,机动频率 2/100,倾侧角正弦分量一阶 Markov 建模,机动时间倒数 1/1000
RV2	阻力,爬升力,转弯力气动参数一阶 Markov 建模,机动时间倒数 1/1000
RV3	阻力,升力气动参数及倾侧角正弦分量一阶 Markov 建模,机动时间倒数均为 1/1000
RV4	阻力,升力气动参数及倾侧角速度一阶 Markov 建模,机动时间倒数均为 1/1000

为更好地比较不同模型间滤波性能差异,设置相同的状态协方差初始值为 $P_0 = \mathrm{blkdiag}(500^2, 500^2, 500^2, 20^2, 20^2, 20^2, 1, 1, 1, 10^{-6}, 10^{-6}, 10^{-6}, 10^{-8}, 10^{-8})$,其中 blkdiag(·) 表示由标量构成的对角矩阵,不同模型按照其状态估计维度截取 P_0,过程噪声协方差初始值设定为 $Q = \mathrm{blkdiag}(1, 1, 1, 1, 1, 1, 10^{-4}, 10^{-4}, 10^{-4}, 10^{-8}, 10^{-8}, 10^{-8})$。观测误差为 $\sigma_r^2 = 200°$,$\sigma_A^2 = \sigma_E^2 = 0.15°$。

2. 跟踪滤波结果分析

如图 4.7 所示,位置及速度估计误差前期波动较为严重,收敛速度较慢。其中,RV1 及 RV3 滤波初始误差波动较大,而 RV3 及 RV4 在滤波开始误差波动幅度相对较小。此后在 200 s 及 450 s 位置附近,位于飞行高度的谷值点附近,气动加速度较大且变化相对较快(见图 4.8),四种模型在这一位置误差明显出现上升。其中,RV1 由于假设气动加速度呈现谐振相关性,跟踪达到稳态所需的时间较长,在 200 s 时刻误差跃起,但在 450 s 时刻滤波达到稳态对目标气动加速度特性描述较为精确,因此没有出现误差凸起。而其他模型在这些时刻都出现了误差迅速上升的情况。400 s 后,由于目标距离较远,滤波误差略呈上升趋势,但总体上升速度较缓慢。

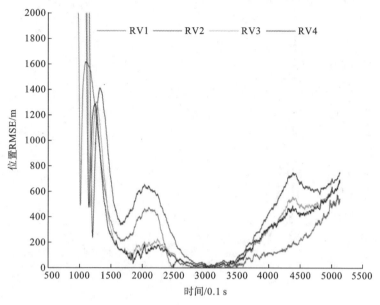

（a）位置估计RMSE

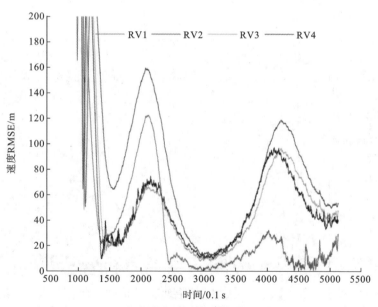

（b）速度估计RMSE

图 4.7　位置及速度 RMSE

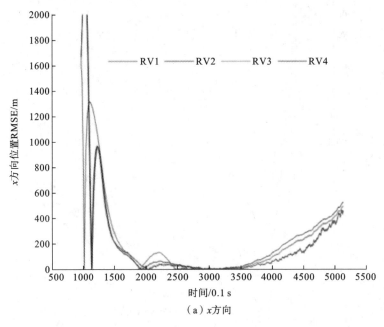

（a）x方向

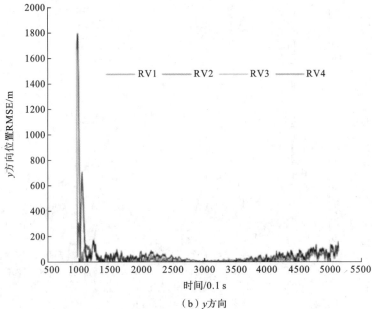

（b）y方向

图 4.8　气动加速度估计

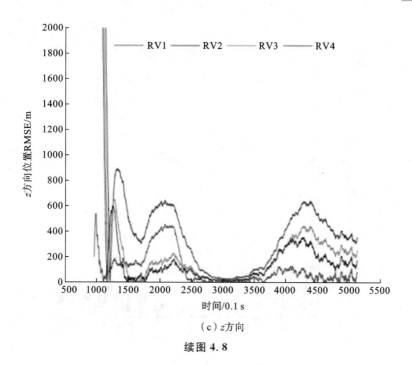

（c）z 方向

续图 4.8

如图 4.9 和图 4.10 所示，从不同方向的误差来看，目标倾侧角较小且保持恒

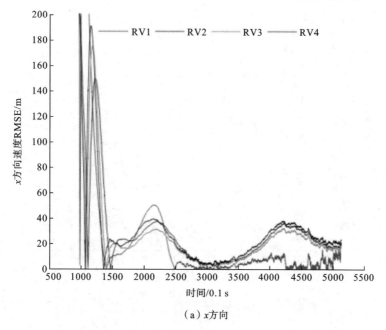

（a）x 方向

图 4.9　观测 ENU 坐标系不同方向位置估计 RMSE

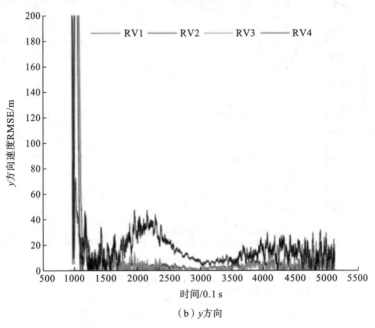

（b）y方向

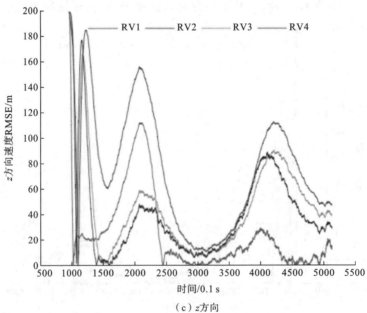

（c）z方向

续图 4.9

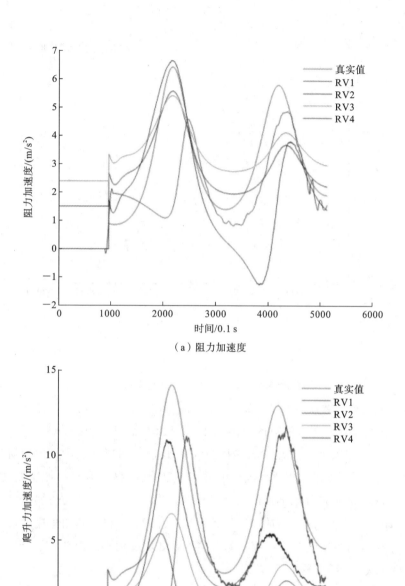

（a）阻力加速度

（b）爬升力加速度

图 4.10　观测 ENU 坐标系不同方向速度估计 RMSE

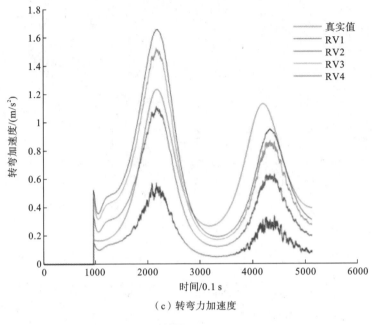

（c）转弯力加速度

续图 4.10

定,y 方向机动较弱,滤波误差较小,而 x 及 z 方向滤波误差较大。其中,z 方向由于目标跳跃飞行导致误差在 200 s 及 450 s 时刻出现误差凸起,但整体均值保持稳定。x 方向由于目标与观测点的距离变化,呈先降低后升高的趋势。

将 RV2、3、4 模型的气动参数转换为气动加速度,可以比较不同模型对气动加速度的估计精度。如图 4.8 所示,其中 RV1 采用衰减振荡对气动加速度建模,收敛速度慢,在 300 s 前气动加速度估计存在时延,跟踪稳定后对气动加速度估计精度较高;RV2 及 RV3 对气动加速度估计效果较差;RV4 利用倾侧角速度进行一阶 Markov 建模,而角速度对机动反应较慢,容易出现过调整。总体而言,RV1 精度最高,RV4 次之,RV2 及 RV3 较差。

综合跟踪滤波结果,可以得到以下结论。

RV2 不考虑气动力的耦合,对气动参数直接采用通用的一阶 Markov 建模,其估计精度较差。RV3 考虑了气动力耦合关系,能有效提高估计精度。仿真轨迹采用了固定倾侧角,RV4 通过倾侧角速度建模,跟踪精度较高,但容易过调整。本文模型从气动加速度的变化规律出发,采用振荡相关建模,对 HGV 气动特性描述更加贴近其飞行规律,对气动加速度预测精度较高。

4.4　本 章 小 结

从飞行机理的角度分析了 HGV 跳跃滑翔的气动加速度特性。首先分析了 HGV 上升与下降段受力情况,并结合运动微分方程利用数值仿真阐明了气动加速度随高度及速度变化分布,验证了跳跃滑翔 HGV 气动加速度的谐振特性。其次,在气动加速度具有稳定谐振特性采用衰减振荡相关性对气动加速度进行建模,并推导了模型状态方程。最后仿真验证了本文模型性能优势。

第5章

基于典型控制模式的高超声速飞行器轨迹预测

第 3 章及第 4 章重点构建了 HGV 目标跟踪模型，为 HGV 轨迹预测奠定数据和理论基础。众所周知，无论哪种拦截方式都需要对目标轨迹进行预测，判断拦截区域，通过预警传感器引导拦截弹进入预测拦截区域，再由拦截弹传感器在拦截区内捕获目标并进行有效拦截。而轨迹预测作为预警探测与拦截打击的信息火力连接点，对于这一关键技术的研究是实现有效拦截的前提。一方面，相比于弹道目标，HGV 具有控制模式切换能力，采用非惯性弹道飞行，在临近空间飞行过程中受力复杂，其轨迹预测难度较大。另一方面，HGV 不同于飞机等人工在线实时控制类飞行，其速度较快，无法实现突变机动，这些特性为 HGV 轨迹预测创造了有利条件。

本章采用基于典型控制模式的轨迹预测方法，针对 HGV 两种典型机动模式下的轨迹预测问题：一是研究了常升阻比纵向平衡滑翔模式轨迹预测，分析了常升阻比纵向平衡滑翔模式的弹道特性，设计了这种机动模式下的轨迹预测算法；二是研究了常攻角纵向跳跃滑翔模式轨迹预测，在量测坐标系中建立飞行器的运动微分方程，设计了这种机动模式下的轨迹预测算法。

5.1　常升阻比平衡滑翔轨迹预测

5.1.1　常升阻比平衡滑翔模式分析

HGV 在滑翔过程中要满足多种约束,包括动压、过载、气动热、控制以及终端的状态约束。在进行轨迹优化设计时,通常会增加零倾侧角平衡滑翔条件(equilibrium glide condition, EGC)加以约束,以便于飞行控制。平衡滑翔的特点是采用几乎没用波动的逐渐下降的滑翔弹道,它是对运动轨迹的一种"软约束",即不是必须严格满足的约束条件。飞行器在相同的初始能量条件下,平衡滑翔与非平衡滑翔相比,热流密度峰值和最大横向、法向过载都要更加理想,并且平衡滑翔相较于跳跃滑翔对飞行器的控制能力要求较低[136,137]。

基于 2.2 节的运动特性分析以及上述分析可知,常升阻比平衡滑翔是一种 HGV 目标滑翔段的机动模式。HGV 目标常升阻比平衡滑翔模式具有以下特点:一是与非平衡滑翔相比,热流密度峰值和最大横向、法向过载都要更加理想[26];二是平衡滑翔条件限制了弹道的自由度,制导控制能力要求低,同样从热管理和有效飞行控制的角度看,不希望看到震荡运动轨迹;三是常升阻比取值为最大升阻比时,基本能达到射程最优,与最优解相差不超过 1%。

常升阻比平衡滑翔模式下的轨迹预测基本思路是:首先根据前期预警探测系统量测数据的积累、历史运动轨迹特征及 HGV 目标自身的光电特性,识别出飞行器类型,并判断出 HGV 当前机动模式是常升阻比平衡滑翔模式,再利用该条件下的滑翔弹道特性构建轨迹预测模型,进而实施轨迹预测。

本节的主要内容是在已知来袭目标类型为 HGV,且假设目标采用常升阻比平衡滑翔模式的条件下,利用常升阻比平衡滑翔弹道的固有特性和结论设计轨迹预测算法,因此下文中并不涉及平衡滑翔条件判断。

5.1.2　常升阻比平衡滑翔模式轨迹预测原理

平衡滑翔是指在飞行过程中,纵向平面内飞行器受到的重力、气动力以及离心力三者的合力为零,在垂直方向处于平衡状态。

在半速度坐标系的纵平面中建立 HGV 目标的滑翔段运动微分方程,以分析平衡滑翔弹道的固有特性。为简化模型,做以下假设:不考虑地球自转,即 $\omega_e = 0$;

地球为一圆球,重力矢量延长线与地心重合;HGV目标的倾侧角为零,即其始终在由速度矢量与地心矩矢量决定的平面内飞行。在滑翔段的运动微分方程[117]如式(5.1)所示:

$$\begin{cases} \dfrac{\mathrm{d}r}{\mathrm{d}t} = v\sin\theta \\[2mm] \dfrac{\mathrm{d}\Phi}{\mathrm{d}t} = \dfrac{v}{r}\cos\theta \\[2mm] \dfrac{\mathrm{d}v}{\mathrm{d}t} = -\dfrac{D}{m} - g\sin\theta \\[2mm] \dfrac{\mathrm{d}\theta}{\mathrm{d}t} = \dfrac{L}{mv} + \dfrac{1}{v}\left(\dfrac{v^2}{r} - g\right)\cos\theta \end{cases} \quad (5.1)$$

式中:r表示目标的地心距,Φ表示射程角,v表示飞行速度,θ表示速度倾角,D表示气动阻力,L表示气动升力,m表示飞行器质量,g表示地球重力加速度常量。升阻比$K = L/D$。

图5.1所示的是坐标系定义和受力分析,$x_0 o_0 y_0$为再入坐标系的纵平面,$x_h o_1 y_h$为半速度坐标系的纵平面。其中,细虚线表示HGV运动轨迹,速度方向与运动轨迹相切,气动阻力方向与速度方向相反,总升力与速度方向垂直且向上,重力加速度方向垂直向下指向地心。再入坐标系是与地球固联的坐标系,不考虑地球自转时,它为惯性坐标系。由于半速度坐标相对于再入坐标系做非匀速运动,因此,在半速度坐标系中分析飞行器受力时应当考虑离心力。

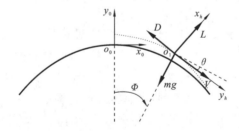

图5.1 坐标系定义与受力分析

平衡滑翔时,速度倾角的变化率为0并且速度倾角是一个小量,因此满足$\mathrm{d}\theta/\mathrm{d}t = 0$,$\cos\theta \approx 1$,平衡滑翔条件[6]一般用式(5.2)表示:

$$\frac{L\cos v}{m} + \left(\frac{v^2}{r} - g\right)\cos\theta = 0 \quad (5.2)$$

式中:v表示倾侧角,为飞行器的控制变量。根据平衡滑翔的条件,令$\cos\theta = 1$,将控制变量倾侧角分离,可得

$$v = \arccos \frac{m(g - v^2/r)}{L} \tag{5.3}$$

因此,平衡滑翔时,如果已知攻角,则可以根据飞行器气动力系数模型求解出气动升力系数,进而求解出倾侧角 v。

将升力的计算公式带入式(5.2),可以计算出升力系数关于倾侧角的表达式:

$$C_L(\alpha) = \frac{m(g - v^2/r)}{qS\cos v} \tag{5.4}$$

式中:α 为攻角,q 为动压,S 为飞行器有效面积。因此,平衡滑翔时,若给定倾侧角,则可计算出升力系数,并利用气动参数模型反推出攻角的大小。由此可见,在平衡滑翔条件下,HGV 的控制变量攻角和倾侧角存在铰链关系。

式(5.4)中的动压 q 与大气密度和飞行器速度有关,当控制变量不变时,可推导出平衡滑翔条件下速度与飞行器当前位置大气密度的函数关系,如式(5.5)所示:

$$\rho = \frac{2m(gr - v^2)}{SC_L v^2 r\cos v} \tag{5.5}$$

$$\rho(r) = \rho_0 e^{-k_\rho(r - r_e)} \tag{5.6}$$

式(5.6)中:ρ_0 为水平面大气密度,k_ρ 为简化指数大气模型参数,r_e 为地球半径。$h = r - r_e$ 为飞行器高度。

而简化指数大气密度模型如式(5.6)所示,大气密度与高度是相关的,进而可以计算出速度与高度的关系。由此可见,针对某一型号的 HGV,假设在某一固定高度时,空气的密度基本保持不变,那么飞行器的速度只与飞行器的升力系数相关。也就是说,处于平衡滑翔状态的 HGV,若升力系数为常数,那么飞行器的速度与飞行高度存在固定的关系[138],如式(5.7)所示:

$$v = \sqrt{\frac{2mgr}{SC_L r\rho_0 e^{-k_\rho(r - r_e)}\cos v + 2m}} \tag{5.7}$$

以 CAV-H 为例,计算平衡滑翔时速度与高度的关系,假设攻角恒为 15°,即升力系数、升阻比保持不变。速度与高度的关系如图 5.2 所示。可见,当飞行器升力系数为常数时,飞行高度越高,为达到平衡滑翔状态所要求的飞行速度越快,当高度大于 80 km 时,飞行速度接近第一宇宙速度 7.9 km/s。由于飞行高度大于 80 km 时,空气稀薄,大气密度小,即便速度很快,气动升力也较小,此时飞行器主要受重力与离心力影响,两者达到平衡,与航天器的受力情况类似。

式(5.5)中忽略了速度倾角的余弦值,若不忽略则为

$$\rho = \frac{2m(gr - v^2)\cos\theta}{SC_L v^2 r\cos v} \tag{5.8}$$

对式(5.8)两边速度 v 求微分,可得

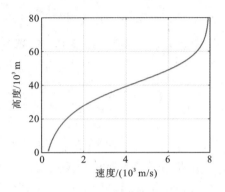

图 5.2　平衡滑翔时高度与速度的关系

$$\frac{\mathrm{d}\rho}{\mathrm{d}v} = -\frac{4mg\cos\theta}{SC_L v^3 \cos\upsilon} \tag{5.9}$$

飞行器状态均是关于时间 t 的变量,简化指数大气密度模型对时间 t 求微分,结合飞行器在纵向平面内的运动微分方程(2.5),可得

$$\frac{\mathrm{d}\rho}{\mathrm{d}t} = -\rho k_\rho \frac{\mathrm{d}h}{\mathrm{d}t} = -\rho k_\rho v \sin\theta \tag{5.10}$$

同样结合运动微分方程(2.5),可得

$$\frac{\mathrm{d}v}{\mathrm{d}\rho} = \frac{\dfrac{\mathrm{d}v}{\mathrm{d}t}}{\dfrac{\mathrm{d}\rho}{\mathrm{d}t}} = \frac{D}{m\rho k_\rho v \sin\theta} + \frac{g}{\rho k_\rho v} \tag{5.11}$$

结合式(5.9)和式(5.11),可得

$$-\frac{SC_L v^3 \cos\upsilon}{4mg\cos\theta} = \frac{D}{m\rho k_\rho v \sin\theta} + \frac{g}{\rho k_\rho v} \tag{5.12}$$

将式(5.2)代入式(5.12),整理可得

$$\frac{D}{\tan\theta} = -L\cos\upsilon\left(\frac{k_\rho v^2}{2g} + \frac{1}{1 - v^2/(gr)}\right) \tag{5.13}$$

将气动升力系数与气动阻力系数的计算式带入式(5.13),可得速度倾角与速度的关系式[139]:

$$\tan\theta = -\frac{2(gr - v^2)}{K\cos\upsilon\left(2gr + \dfrac{1}{g}k_\rho v^2(gr - v^2)\right)} \tag{5.14}$$

同样以 CAV-H 为例,计算平衡滑翔时速度倾角与速度的关系。假设攻角恒为 15°,升力系数、阻力系数只取决于攻角,则升阻比 K 为常数,根据 CAV-H 模型计算升阻比为 2.8939。图 5.3 所示的是平衡滑翔时速度倾角与速度的关系曲线,速度倾角恒为负且模小于 2,是一个小量,并随速度的减小而逐渐减小,这与平衡

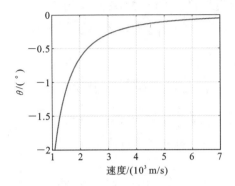

图 5.3 平衡滑翔时速度倾角与速度的关系

滑翔的条件相符。

当飞行器保持常值升阻比在纵向平面内作平衡滑翔的条件下,即 $v=0,\cos v=1$,为求解出飞行器飞行速度、飞行高度、射程关于时间的近似解析式,做如下简化:飞行高度相对于飞行器的地心距 r_0 是小量,可近似认为 $r \approx r_e$;平衡滑翔时速度倾角为小量,忽略重力矢量在速度方向的投影,即 $g\sin\theta \approx 0$;考虑到飞行器的高度范围为 30 km~70 km,重力加速度可视为常数,即 $g \approx g_0$。在以上简化条件下,由运动微分方程计算目标状态关于时间 t 的函数。

由式(5.1)的第三个分式和式(5.2),可得速度 v 的可分解的齐次微分方程:

$$\frac{\mathrm{d}v}{\mathrm{d}t}=-\frac{g_0-\dfrac{v^2}{r_e}}{K} \tag{5.15}$$

将式(5.15)分离变量后,两边分别求积分,可得

$$\ln\left|\frac{v-\sqrt{g_0 r_e}}{v+\sqrt{g_0 r_e}}\right|-\ln\left|\frac{v(t_0)-\sqrt{g_0 r_e}}{v(t_0)+\sqrt{g_0 r_e}}\right|=\frac{2\sqrt{g_0 r_e}t}{r_e K} \tag{5.16}$$

式中:$v(t_0)$ 为初始速度;$\sqrt{g_0 r_e}$ 为第一宇宙速度,且飞行速度 v 小于该速度,即 $v-\sqrt{g_0 r_e}<0$,据此消除式(5.16)中的绝对值符号,通过分离变量可得速度关于时间 t 的表达式:

$$v(t)=a\left[\frac{2}{\mathrm{e}^{\frac{2bt}{K}+\ln\frac{a-v(t_0)}{a+v(t_0)}}+1}-1\right] \tag{5.17}$$

式中:$a=\sqrt{g_0 r_e}$,$b=\sqrt{g_0/r_e}$。由此可见,常升阻比平衡滑翔模式,在已知初始速度条件下,速度是关于时间 t 和升阻比 K 函数,其中升阻比 K 是待求解的未知参数。

由式(5.1)的第二分式和式(5.17)可得射程对速度的导数:

$$\frac{\mathrm{d}\Phi}{\mathrm{d}v}=\frac{vK}{v^2-g_0 r_e} \tag{5.18}$$

两边分别求积分,可得射程角关于速度的函数:

$$\Phi(t) = \frac{K}{2} \ln \frac{a^2 - v^2(t)}{a^2 - v^2(t_0)} \tag{5.19}$$

因此,射程关于速度的函数为

$$R(t) = \frac{r_e K}{2} \ln \frac{a^2 - v^2(t)}{a^2 - v^2(t_0)} \tag{5.20}$$

式中:$R(t)$表示从初始t_0时刻到t时刻飞行器的射程。

根据式(5.9)和式(5.10)可得高度对速度的导数:

$$\frac{\mathrm{d}h}{\mathrm{d}v} = \frac{4mg_0}{SC_L v^3 \rho k_\rho} = \frac{2mg_0}{Lvk_\rho} \tag{5.21}$$

结合平衡滑翔条件$L/m = g_0 - v^2/r_e$,可得

$$\frac{\mathrm{d}h}{\mathrm{d}v} = \frac{2g_0}{\left(g_0 - \dfrac{v^2}{r_e}\right)vk_\rho} \tag{5.22}$$

等式两边积分,并代入初始条件,可得高度关于速度的函数。也就是说,在常升阻比平衡滑翔模式下,已知飞行器速度则可计算出高度,两者存在固定关系。则有

$$h(t) = \frac{2}{k_\rho}\left(\ln \frac{v(t)}{v(t_0)} + \frac{1}{2}\ln \frac{a^2 - v^2(t_0)}{a^2 - v^2(t)}\right) + h(t_0) \tag{5.23}$$

式中:$h(t)$表示飞行器在t时刻的高度,$h(t_0)$表示在初始t_0时刻的高度,k_ρ为简化指数大气模型参数。

飞行器的状态解析式中的升阻比K为未知参数,若能求得升阻比K,且将稳定跟踪后的任一时刻记为初始时刻,对应的状态为初始状态,则可根据飞行器速度、高度、射程的解析式外推状态,即实现了常升阻比平衡滑翔模式下飞行器运动轨迹的预测。

由式(5.20)可知,已知飞行器在t_k、t_{k+1}两个相邻时刻的运动状态(速度v与射程R)的条件下,升阻比K估计值如式(5.24)所示,其估计问题为单参量的线性最小二乘轨迹问题,且系数为1,因此退化为平均值估计。有

$$K = \frac{\dfrac{2R(t_{k+1})}{r_e}}{\ln \dfrac{a^2 - v^2(t_{k+1})}{a^2 - v^2(t_k)}} \tag{5.24}$$

根据式(5.24),计算升阻比需要已知目标速度和射程。其中,速度采用跟踪滤波结果,射程根据跟踪滤波获得的位置,位置在不同坐标系表示时,计算方法有差异。

位置信息在极坐标系中表示为方位角φ_d、俯仰角θ_d、斜距r_d,变量下标d表示传感器的估计值,根据余弦定理计算射程。设t_k时刻为起始时刻,起始时刻的射程

设置为 0,则 t_{k+1} 时刻飞行器的射程为

$$R(t_{k+1}) = \sqrt{r_d^2(t_k) + r_d^2(t_{k+1}) - 2r_d(t_k)r_d(t_{k+1})\cos(\phi)} \qquad (5.25)$$

式中:ϕ 为 t_k 时刻传感器目标向量与 t_{k+1} 时刻传感器目标向量之间的夹角。则有

$$\phi = \arccos(\cos(\varphi_d(t_{k+1}) - \varphi_d(t_k))\cos(\theta_d(t_{k+1}) - \theta_d(t_k))) \qquad (5.26)$$

位置信息在直角坐标系中表示为 (x_k, y_k, z_k),则 t_{k+1} 时刻飞行器的射程为

$$R(t_{k+1}) = \sqrt{(x_{k+1} - x_k)^2 + (y_{k+1} - y_k)^2 + (z_{k+1} - z_k)^2} \qquad (5.27)$$

综上分析,常升阻比平衡滑翔模式下,已知初始状态(包括速度、射程、高度)和升阻比时,速度是关于时间的函数,射程和高度是关于速度的函数。因此,通过外推时间可获得速度在未来时间区间内的速度,进而计算出相应的射程和高度。

5.1.3　常升阻比平衡滑翔模式轨迹预测算法流程

HGV 目标在常升阻比平衡滑翔模式下,考虑目标在纵向平面内运动,即倾侧角为 0°,在该机动模式下,飞行器的运动状态间存在固定关系,这是实现目标运动轨迹趋势预测的理论基础。轨迹预测的前提是对目标连续探测跟踪,且已知飞行器采用常升阻比平衡滑翔模式。常升阻比平衡滑翔模式轨迹预测算法为动态更新的过程,随量测数据的更新循环执行轨迹预测算法。单次循环的预测流程问题可描述为,根据滑窗 $[0, 1, \cdots, N-1]T$ 内的 N 组目标估计状态预测目标在预测时刻 $[N, N+1, \cdots, N+P-1]T$ 的状态,其中 T 表示传感器的采样周期。

常升阻比平衡滑翔模式下轨迹预测算法单次循环流程如下。

步骤 1:估计目标升阻比。利用滑窗内的量测信息根据式(5.24)和式(5.27)估计目标在 $[0, 1, \cdots, N-1]T$ 时刻的升阻比 K,将 $N-1$ 组升阻比的平均值作为最终的估计值 K。

步骤 2:根据 HGV 的速度关于时间的解析式外推目标速度。将滑窗内的起始点作为初始时刻 t_0,并将步骤 1 中计算的升阻比 K 以及 t_0 时刻的速度代入式(5.17),得到速度关于时间的函数解析式,并代入时间 $[N, N+1, \cdots, N+P-1]T$,得到目标在预测时刻的速度 $[v_N, v_{N+1}, \cdots, v_{N+P-1}]$。

步骤 3:根据速度的外推结果计算射程在预测时刻的预测值。将升阻比 K 以及 t_0 时刻的射程代入将式(5.20),得到射程关于速度的解析式,代入速度预测结果,得到目标在预测时刻的射程 $[R_N, R_{N+1}, \cdots, R_{N+P-1}]$。

步骤 4:根据速度的外推结果计算高度在预测时刻的预测值。将升阻比 K 以及 t_0 时刻的高度代入式(5.23),得到高度关于速度的解析式,代入速度预测结果,得到目标在预测时刻的高度 $[h_N, h_{N+1}, \cdots, h_{N+P-1}]$。

5.1.4　仿真分析

1. 仿真条件设置

运动轨迹参数设置:仿真对象为 CAV-H,利用 Runge-Kutta 数值积分法生成运动轨迹仿真数据。初始位置经纬度为 $(0°,0°)$,初始高度设置为 30 km~70 km,初始速度、初始速度倾角按照平衡滑翔条件计算,初始射程角为 $0°$。当初始高度为 70 km 时,初始速度为 $v_0=7793.5$ m/s,初始速度倾角为 $\theta_0=-0.007°$。

传感器参数设置:传感器地理坐标为 $(0°,0°,200 \text{ m})$,采样频率为 1 Hz,距离量测误差 $\sigma_R=100$ m,方位角量测误差 $\sigma_\varphi=1$ mrad,俯仰角量测误差 $\sigma_\theta=1$ mrad。

2. 仿真结果及分析

常升阻平衡滑翔弹道的数值积分解与近似解析解如图 5.4 所示,实线为在平衡滑翔初始条件下的数值积分解,虚线为近似解析解,可见两者差异较小,即目标状态的近似解析解反映数值积分解。

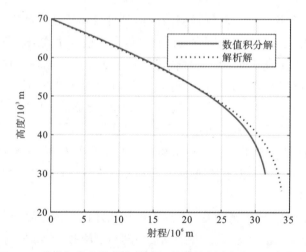

图 5.4　常升阻比平衡滑翔模式下的数值积分解与近似解析解

当飞行器的状态处于非平衡状态时,比如设置的速度倾角不满足平衡滑翔条件,飞行器的运动轨迹为波浪状的跳跃弹道,如图 5.5 所示。图 5.6 和图 5.7 分别所示的是平衡滑翔与跳跃滑翔时速度倾角、过载随速度的变化规律。由此可见,在平衡滑翔过程中,速度倾角将随速度的降低平滑减小,且速度倾角为小量;过载是指与速度垂直方向的过载,在初始阶段取值接近为 0,即与速度垂直方向受力接近平衡,随速度的减小,过载逐渐增大。

为检验轨迹预测算法的有效性,在不同的起始时刻选取多个滑窗,实施轨迹预

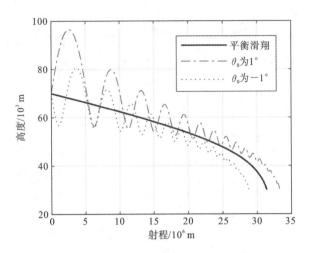

图 5.5　平衡滑翔轨迹与跳跃滑翔轨迹

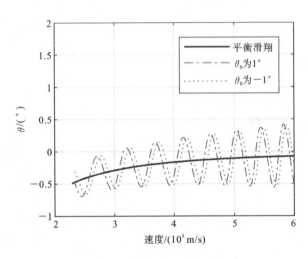

图 5.6　速度倾角与速度的关系

测。通过蒙特卡罗仿真方法计算不同预测时间尺度时轨迹预测的均方根误差。图 5.8 所示的是轨迹预测仿真实验的一个实例,实线为利用 Runge-Kutta 方法生成的模拟运动轨迹,圆圈表示在滑翔段选取的量测滑窗,虚线表示依据目标状态解析式获得的预测运动轨迹。图 5.9 所示的是预测均方根误差与预测时间尺度的关系图,随着预测时间的增长,预测均方根误差变大,可见预测时间为 100 s 时,预测精度约为 1.8 km。

轨迹预测误差是由多方面因素引起的,主要包括模型误差、趋势预测模型简化

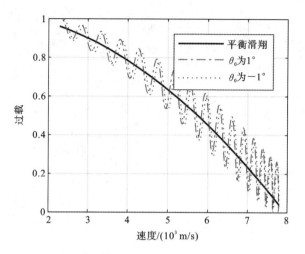

图 5.7　过载与速度的关系

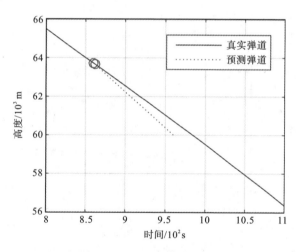

图 5.8　一次仿真预测结果

误差和跟踪滤波误差。一是模型误差,包括:平衡滑翔模型误差,将平衡滑翔等价为飞行器速度倾角的变化率为零,与平衡滑翔概念定义的状态存在偏差;大气模型误差,文中采用简化的大气指数模型。二是求解状态解析式过程中由简化造成的趋势预测模型简化误差,由于飞行高度与地球半径相比是小量,故将飞行器的地心距设为地球半径。由于模型简化是求解出运动轨迹状态解析形式的前提,因此,由简化造成的预测误差是不可避免的。三是跟踪滤波误差。在飞行器趋势预测模型求解过程中,需要利用传感器对目标状态的跟踪滤波估计升阻比,且以估计的目标

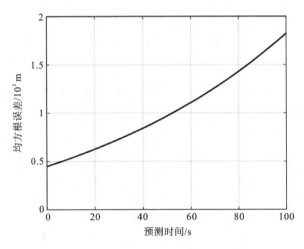

图 5.9　预测均方根误差

状态为起点外推运动轨迹,因此,跟踪滤波误差将从上述两方面直接影响运动轨迹的预测精度。

5.2　常攻角跳跃滑翔模式轨迹预测

5.2.1　常攻角跳跃滑翔模式分析

常攻角跳跃滑翔模式是滑翔段中的一种机动模式。研究常攻角跳跃滑翔模式下的轨迹预测问题主要考虑到以下两方面。

一是 HGV 的高升阻比特性决定应采取最大升阻比攻角。与弹道导弹相比,HGV 最显著的特点是具有高升阻比气动外形,由 5.1 节升阻比对射程的影响分析可知,高升阻比能够显著提高射程。而升阻比主要取决于攻角,通过对升阻比和攻角关系的分析可知,升阻比随攻角的增加先增大再减小,且存在最大升阻比攻角。

二是攻角和倾侧角为 HGV 的控制量,复杂的控制量对于飞行器的姿态控制是极为不利的,一般不会任意变化,通常遵循规律,可认为在一定时间区间内攻角基本保持不变。事实上,在 HGV 的轨迹设计与制导中,控制量的设计都应尽量简单,将攻角设计为分段线性函数模型,如式(5.28)所示:

$$\alpha = \begin{cases} \alpha_{\max}, & V \geqslant V_1 \\ \dfrac{\alpha_{\max(K)} - \alpha_{\max}}{V_2 - V_1}(V - V_1) + \alpha_{\max}, & V_2 < V \leqslant V_1 \\ \alpha_{\max(K)}, & V < V_2 \end{cases} \tag{5.28}$$

式中：V_1，V_2 分别表示攻角模型分段参数；$\alpha_{\max}$ 表示最大攻角；$\alpha_{\max(K)}$ 表示最大升阻比攻角。攻角模型示意图如图 5.10 所示。

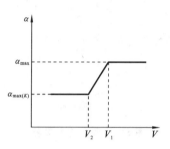

图 5.10　攻角模型示意图

5.2.2　常攻角跳跃滑翔模式轨迹预测原理

常攻角跳跃滑翔模式轨迹预测算法的适用条件是：飞行器在预测时间区间内控制变量攻角保持不变，即升力系数、阻力系数、升阻比基本不变，且倾侧角为零，即飞行器在纵向平面内运动。其轨迹预测算法的思路是：根据常攻角条件下的气动力系数的特点简化 HGV 的运动微分方程，以达到求解非线性方程解析解的目的。

1. 飞行器受力分析及其动力学模型构建

动力学模型描述的是研究对象运动与受力的关系，能更准确地反映目标的运动规律，将动力学模型投影到相应的坐标系则可获得相应的目标运动微分方程。首先，在量测坐标系（站心直角坐标系）建立飞行器的动力学模型。

以地基相控阵雷达为例，传感器通常选取站心直角坐标系处理量测数据，同样选择在站心直角坐标系中分析目标受力情况，在数据处理采用的坐标系中建立目标运动微分方程，一方面运动微分方程的简化基于单传感器场景，另一方面避免由坐标转换导致的误差。站心直角坐标系的定义如下：坐标原点 O_s 为传感器天线中心，$O_s z$ 轴过原点垂直于当地水平面，向上为正；$O_s y$ 轴在过 O_s 点的水平面内指向正北，与原点所在子午线相切；$O_s x$ 轴位于当地水平面内，向东为正，三个坐标轴构成右手直角坐标系。

HGV 在滑翔段主要受重力 F_g、气动阻力 F_D 与气动升力 F_L 的作用，计算式如下：

$$
\begin{cases}
F_g = m\boldsymbol{g} \\
F_D = -\dfrac{1}{2} C_D \rho S \parallel \boldsymbol{v} \parallel \boldsymbol{v} \\
F_L = \dfrac{1}{2} C_L \rho S \parallel \boldsymbol{v} \cdot \boldsymbol{v} \parallel \boldsymbol{u}
\end{cases}
\tag{5.29}
$$

式中：m 为飞行器质量，C_D 为阻力系数，C_L 为升力系数，ρ 为大气密度，$\boldsymbol{g}$ 为重力加速度，方向从飞行器质心指向地心，S 为有效面积，$\boldsymbol{v} = (v_x, v_y, v_z)$ 为速度向量，$\boldsymbol{u}$ 为升力方向的单位向量。

上述矢量均是在站心直角坐标系的表示。同样一个动力学模型在不同的坐标系的运动微分方程具有不同的形式，复杂度也不同。因此，选择恰当的坐标系对于运动微分方程的求解至关重要。

升力方向的单位向量在站心直角坐标系中表示为 $\boldsymbol{u} = (u_i, u_j, u_k)$，它与速度方向垂直且在同一纵平面内。因此，升力向量与速度向量确定的平面与当地水平面垂直，那么向量 $\boldsymbol{u}$ 满足以下四个条件：

$$
\begin{cases}
\boldsymbol{u} \cdot \boldsymbol{v} = 0 \\
\parallel \boldsymbol{u} \parallel = 1 \\
\dfrac{v_x}{v_z} = \dfrac{u_i}{u_j} \\
u_k > 0
\end{cases}
\tag{5.30}
$$

式中：v_x 和 v_z 为速度向量在对应坐标轴的分量。

据此可以求出升力方向的单位向量为

$$
\begin{cases}
u_i = \dfrac{-v_x \cdot v_z \cdot \sqrt{\dfrac{(v_x^2 + v_y^2)}{(v_x^2 + v_y^2 + v_z^2)}}}{v_x^2 + v_y^2} \\[4mm]
u_j = \dfrac{-v_y \cdot v_z \cdot \sqrt{\dfrac{(v_x^2 + v_y^2)}{(v_x^2 + v_y^2 + v_z^2)}}}{v_x^2 + v_y^2} \\[4mm]
u_k = \sqrt{\dfrac{(v_x^2 + v_y^2)}{(v_x^2 + v_y^2 + v_z^2)}}
\end{cases}
\tag{5.31}
$$

HGV 在滑翔段速度倾角较小，小于 5°。5°对应的正弦值为 0.0872，速度在 O_z 轴的投影较小。由式(5.31)可以看出升力方向的单位向量 u_k 分量接近于 1。因此，升力在 $O_s x$ 轴与 $O_s y$ 轴的分量可视为零。

飞行器距离传感器较远时，重力在 x 轴与 y 轴存在分量，将地球建模为椭球时，重力分量与质点坐标具有非线性关系。这些因素均不利于简化运动模型。

令 β 为飞行器地心距向量与坐标轴 z 轴的夹角，φ 为飞行器的方位角，则重力在 O_sx 轴与 O_sy 轴的分量分别为

$$g_x = g \cdot \sin(\beta)\cos(\varphi)$$
$$g_y = g \cdot \sin(\beta)\sin(\varphi) \tag{5.32}$$

当飞行器与传感器之间的距离小于 500 km 时，即 β 小于 5°，则可以忽略重力在 O_sx 轴 O_sy 轴的分量。同时，HGV 在滑翔段的高度为 30 km～70 km，由于地球曲率的影响限制了传感器的探测范围，因此简化是合理的。

根据 HGV 的受力情况，可得其动力学模型在站心直角坐标系的表达式为

$$\begin{bmatrix} \dot{v}_x \\ \dot{v}_y \\ \dot{v}_z \end{bmatrix} = \begin{bmatrix} -k_D \parallel \boldsymbol{v} \parallel v_x \\ -k_D \parallel \boldsymbol{v} \parallel v_y \\ -k_D \parallel \boldsymbol{v} \parallel v_z + k_L \parallel \boldsymbol{v} \parallel v_x + k_L \parallel \boldsymbol{v} \parallel v_y - \boldsymbol{g} \end{bmatrix} \tag{5.33}$$

式中：k_D, k_L 是为简化方程形式设置的中间变量，定义如下：

$$k_D = \frac{1}{2m} C_D \rho S$$

$$k_L = \frac{1}{2m} C_L \rho S \tag{5.34}$$

2. 动力学模型简化

由式(5.33)可见，HGV 的运动状态在各坐标轴方向上是耦合的。阻力方向与当前速度方向相反，阻力大小与速度的平方呈正比；升力方向与速度方向垂直，升力大小与速度的平方呈正比。

动力学模型可表示为关于速度向量 $\boldsymbol{v}$ 的运动微分方程形式，如式(5.35)所示：

$$\dot{\boldsymbol{v}} = \begin{bmatrix} -k_D \parallel \boldsymbol{v} \parallel & 0 & 0 \\ 0 & -k_D \parallel \boldsymbol{v} \parallel & 0 \\ k_L \parallel \boldsymbol{v} \parallel & k_L \parallel \boldsymbol{v} \parallel & -k_D \parallel \boldsymbol{v} \parallel \end{bmatrix} \boldsymbol{v} + \begin{bmatrix} 0 \\ 0 \\ -g \end{bmatrix} \tag{5.35}$$

运动微分方程的状态转换矩阵包含了速度向量本身，因此难以获得解析解。模型中的参数，如大气密度、升力系数、阻力系数、重力加速度以及飞行器的质量，可根据参考值或者取值范围的设置。但对于未知的高超声速目标，诸如质量、有效面积、气动力系数等参数是未知的。因此，要想通过运动微分方程获得精准的轨迹预测结果，辨识模型参数是必要的。

模型参数的辨识精度依赖于状态估计的精度，而外推状态又需要模型参数，两者互为因果，使目标运动的分析复杂化。本文的做法是根据状态及模型参数的固有特性，适当简化动力学模型。

$\parallel \boldsymbol{v} \parallel$ 使动力学模型非线性和各坐标轴方向耦合，为消除这一影响，考虑到 HGV 在滑翔段，$\parallel \boldsymbol{v} \parallel$ 在短时间内基本不变，并且与该段轨迹的初始速度相关，令

$$\begin{cases} K_D = f(v_0) = k_D \parallel \boldsymbol{v} \parallel \\ K_L = f(v_0) = k_L \parallel \boldsymbol{v} \parallel \end{cases} \tag{5.36}$$

式中：v_0 为预测时间区间内的初始速度，同时是实施预测的初始速度。可见，$\parallel \boldsymbol{v} \parallel$ 在短时间飞行内是固定值，而在不同的飞行阶段则是变化的。此时，模型参数 K_D、K_L 不表示具体的物理含义，增加模型参数 K 变化的自由度，从某种程度上将降低由简化 $\parallel \boldsymbol{v} \parallel$ 而引起的误差。则有

$$\begin{pmatrix} \dot{v}_x \\ \dot{v}_y \\ \dot{v}_z \end{pmatrix} = \begin{pmatrix} -K_D v_x \\ -K_D v_y \\ K_L v_x + K_L v_y - g \end{pmatrix} \tag{5.37}$$

式(5.37)为飞行器在预测时间区间内的简化动力学模型，为一阶线性微分方程形式，因此，能够获得其解析解。简化动力学模型所需辨识的模型参数仅为两个常量 K_D 和 K_L，降低了参数辨识的复杂度。同时，由于两个模型参数的取值与多种因素有关，因此弱化了简化模型中模型参数对应的物理意义。

动力学模型构建过程中简化依据如下。

一是速度倾角小，阻力只在 x 轴与 y 轴存在分量，升力只在 z 轴存在分量。

二是飞行器在距离传感器 500 km 范围内滑翔，忽略重力在 x 轴与 y 轴存在的分量。

三是在预测时间区间内飞行器质量保持不变。

四是升力系数与阻力系数及其比值保持不变。

3. 轨迹预测模型

运动微分方程(5.37)的解析解如式(5.38)和式(5.39)所示，即为运动轨迹预测模型。若已知当前时刻的运动状态，则可获得目标速度和位置随时间变化的具体值，即实现了轨迹预测。则有

$$\begin{cases} v_x(t) = v_{x0} e^{-K_D t} \\ v_y(t) = v_{y0} e^{-K_D t} \\ v_z(t) = K_L v_{x0} e^{-K_D t} t + K_L v_{y0} e^{-K_D t} t - gt + v_{z0} \end{cases} \tag{5.38}$$

$$\begin{cases} p_x(t) = p_{x0} - \dfrac{v_{x0}}{K_D}(e^{-K_D t} - 1) \\ p_y(t) = p_{y0} - \dfrac{v_{y0}}{K_D}(e^{-K_D t} - 1) \\ p_z(t) = (K_L v_{x0} + K_L v_{y0})\left(-\dfrac{t e^{-K_D t}}{K_D} - \dfrac{e^{-K_D t} + 1}{K_D^2}\right) - \dfrac{gt^2}{2} + v_{z0} t + p_{z0} \end{cases} \tag{5.39}$$

预测轨迹的前提是获得飞行器当前的状态以及预测模型的参数 K_D，K_L，模型参数 K_L，K_D 与速度存在非线性关系。因此，可以将 x 轴与 y 轴的速度估计值看作

量测值,将式(5.38)的前两项看作量测方程,采用非线性最小二乘方法估计获得。假定量测数据的长度为 N,且第一次量测在 $t=0$ 时刻进行,当采样周期 T 为 1 s,因此,k 在数值上与 t 相等。采用最小二乘法计算模型的未知参数 K_D 和 K_L,即通过使式(5.40)、式(5.41)和式(5.42)最小来计算参数估计值 $\hat{K}_{Dls}$ 和 $\hat{K}_{Lls}$。则有

$$J(\hat{K}_D) = \sum_{k=0}^{N-1} \left[v_k^x - v_{x0} \mathrm{e}^{-\hat{K}_D kT} \right]^2 \tag{5.40}$$

$$J(\hat{K}_D) = \sum_{k=0}^{N-1} \left[v_k^y - v_{y0} \mathrm{e}^{-\hat{K}_D kT} \right]^2 \tag{5.41}$$

$$J(\hat{K}_D, \hat{K}_L) = \sum_{k=0}^{N-1} \left[v_k^z - \hat{K}_L v_{x0} \mathrm{e}^{-\hat{K}_D kT} k - \hat{K}_L v_{y0} \mathrm{e}^{-\hat{K}_D kT} k + gkT - v_{z0} \right]^2 \tag{5.42}$$

由此可见,式(5.40)和式(5.41)均可求解参数 K_D,因此,可将两者的平均作为最终估计值。同时,模型非线性这是一个非线性最小二乘估计问题,采用参量变换方法,令 $\theta_D = \mathrm{e}^{K_D}$,则离散量测后的速度预测模型为

$$v_x(k;\theta_D) = v_{x0} \mathrm{e}^{-kT} \theta_D, k=0,1,\cdots,N-1 \tag{5.43}$$

由此可见,式(5.43)为单参量的线性最小二乘估计问题,其估计量为

$$\hat{\theta}_{Dls} = \frac{1}{\sum_{k=0}^{N-1} \left[v_{x0} \mathrm{e}^{-kT} \right]^2} \sum_{k=0}^{N-1} v_{x0} \mathrm{e}^{-kT} v_k^x \tag{5.44}$$

由参量变换关系 $\theta_D = \mathrm{e}^{K_D}$,可以求出其反变换为

$$\hat{K}_{Dls} = \ln \hat{\theta}_{Dls} \tag{5.45}$$

获得 $\hat{K}_{Dls}$ 后,式(5.42)同样变为单参量的线性最小二乘估计问题,估计量为

$$\hat{K}_{Lls} = \frac{1}{\sum_{k=0}^{N-1} h_k^2} \sum_{k=0}^{N-1} h_k x_k \tag{5.46}$$

式中:h_k 为等价量测系数,x_k 为等价量测量。其计算方法如下:

$$\begin{cases} h_k = v_{x0} \mathrm{e}^{-\hat{K}_{Dls} kT} kT + v_{y0} \mathrm{e}^{-\hat{K}_{Dls} kT} kT \\ x_k = v_k^z + gkT - v_{z0} \end{cases} \tag{5.47}$$

5.2.3 常攻角跳跃滑翔模式轨迹预测算法流程

常攻角跳跃滑翔模式轨迹预测是在连续跟踪 HGV 目标的前提下,获得了 HGV 状态的估计值。跟踪滤波后进一步采用 RTS(rauch tung striebel)平滑算法,可达到抑制随机噪声的影响,提高目标状态估计的精度,进而提高运动轨迹预测的精度。常攻角跳跃滑翔模式轨迹预测算法过程同样为迭代递推算法,即随目

标状态不断地更新,根据滑窗内的目标状态[140,141],包括位置和速度,重新执行一次轨迹预测算法。

假设动态滑窗的总长度 N,滑窗对应的时刻为 $[0,1,\cdots,N-1]T$,T 表示传感器的采样周期,已知滑窗内目标状态的平滑值,包括位置 $[\boldsymbol{p}_0^s,\boldsymbol{p}_1^s,\cdots,\boldsymbol{p}_{N-1}^s]$ 和速度 $[\boldsymbol{v}_0^s,\boldsymbol{v}_1^s,\cdots,\boldsymbol{v}_{N-1}^s]$,且 $k=0$ 对应 $t=0$ 的时刻,预测目标在预测时刻 $[N,N+1,\cdots,N+P-1]T$ 的状态。在此条件下,单次执行常攻角跳跃滑翔模式轨迹预测算法的流程如下。

步骤 1:辨识轨迹预测模型参数 K_D。将 HGV 的速度平滑值 $[\boldsymbol{v}_0^s,\boldsymbol{v}_1^s,\cdots,\boldsymbol{v}_{N-1}^s]$ 代入式(5.44)得到 $\hat{\theta}_{Dls}$,通过式(5.45)变换得到模型参数 K_D 的估计值 $\hat{K}_{Dls}$。

步骤 2:辨识轨迹预测模型参数 K_L。将 HGV 的速度平滑值 $[\boldsymbol{v}_0^s,\boldsymbol{v}_1^s,\cdots,\boldsymbol{v}_{N-1}^s]$ 代入式(5.46),得到模型参数 K_L 的估计值 $\hat{K}_{Lls}$。

步骤 3:利用轨迹预测模型外推运动轨迹。将模型参数 K_D、K_L 的估计值 $\hat{K}_{Dls}$、$\hat{K}_{Lls}$,初始位置 $\boldsymbol{p}_0^s$ 和初始速度 $\boldsymbol{v}_0^s$ 代入运动轨迹解析式(5.39)获得 HGV 运动轨迹的解析式,再将预测时刻 $[N,N+1,\cdots,N+P-1]T$ 代入运动轨迹解析式,得到 HGV 在预测时刻对应的状态。

5.2.4　仿真分析

1. 仿真条件设置

运动轨迹参数设置:初始位置经纬度为 $(0°,0°)$,初始高度取值为 40 km～60 km,初始速度为 4000 m/s,初始速度倾角取值为 $-1°\sim1°$,速度方位角取值为 $60°\sim120°$,攻角取值范围为 $11°\sim15°$,飞行器在滑翔过程中保持大升阻比攻角。图 5.11 所示的是通过数值积分生成的一条模拟运动轨迹。

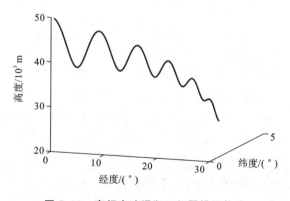

图 5.11　高超声速滑翔飞行器模拟轨迹

传感器参数设置:传感器地理坐标为$(0°,0°,200\ m)$,采样频率为 1 Hz,距离量测误差 $\sigma_R=100\ m$,方位角量测误差 $\sigma_\varphi=1\ mrad$,俯仰角量测误差 $\sigma_\theta=1\ mrad$。

运动模型设置:鉴于跟踪滤波时不需要估计飞行器的气动力参数,运动模型不采用第三章设计的动力学模型,而采用"当前"统计模型。考虑到 HGV 在滑翔过程中 x 轴和 y 轴的速度不断减小,假定加速度的值一直为负,且最大负加速度为 $-10\ m/s^2$;飞行器高度呈正弦状,z 轴速度、加速度关于时间的变换规律均成波浪形,z 轴加速度的范围为 $-10\ m/s^2 \sim 10\ m/s^2$。

预测时间设置。HGV 轨迹预测与跟踪过程中的一步预测的差别在于:一是预测时间不同;二是外推模型不同。目标跟踪时,一步预测目标状态的目的是获得目标状态的条件概率密度,预测时间为量测数据率的倒数,即为采样间隔时间。将传感器的数据率设置为 1 Hz,则一步预测时间为 1 s。而轨迹预测的目的之一是为了引导相邻传感器捕获目标,辅助传感器间进行情报交接,因而需要较长时间的预测,现将预测时间设置为 30 s。

采用蒙特卡罗仿真评估轨迹预测算法的预测精度,预测精度用均方根误差椭球表示,可以用椭球的体积衡量误差的大小。设 n 次蒙特卡罗仿真的预测点状态为 (x_k,y_k,z_k),$k=1,2,\cdots,n$,则均方根误差椭球的球心为 (X_o,Y_o,Z_o),其中:

$$X_o = \frac{1}{n}\sum_{k=1}^{n}x_k, \quad Y_o = \frac{1}{n}\sum_{k=1}^{n}y_k, \quad Z_o = \frac{1}{n}\sum_{k=1}^{n}z_k \tag{5.48}$$

椭球的轴长 a、b 和 c 分别用各坐标轴方向的预测均方根误差值表示,即

$$\begin{cases} a = \sqrt{\dfrac{1}{N}\sum_{k=1}^{N}(x_k-x_o)^2} \\[2mm] b = \sqrt{\dfrac{1}{N}\sum_{k=1}^{N}(y_k-y_o)^2} \\[2mm] c = \sqrt{\dfrac{1}{N}\sum_{k=1}^{N}(z_k-z_o)^2} \end{cases} \tag{5.49}$$

式中:(x_o,y_o,z_o) 表示飞行器在预测时刻的理论位置。

2. 仿真结果及分析

预测时间表示目标运动轨迹外推的时间长短,设置轨迹预测时间为 T_{pre},在 k 时刻预测 $k+1$ 时刻至 $k+T_{pre}$ 时刻的运动轨迹。轨迹预测精度用预测区间内预测误差的统计平均衡量,k 时刻的轨迹预测精度如式(5.50)所示。图 5.12 所示的是轨迹预测 RMSE 随时间的变化曲线,轨迹预测的 RMSE 小于 3 km。可见,轨迹预测精度与预测的起始时刻有关,主要是由于不同时刻的状态估计精度不同造成的。当目标在 z 轴方向转弯时,预测误差大,z 轴的 RMSE 呈周期震荡趋势。与 z 轴相

比，x 轴与 y 轴的预测 RMSE 较小，可见 x 轴与 y 轴预测模型与运动规律更相符。在目标交接班应用场景中，如果接班传感器的波束宽度为 $1°$，则在 500 km 处传感器波束的几何覆盖范围约为 17.453 km，轨迹预测的均方根误差能够保证搜索波束捕获到目标。则有

$$\mathrm{RMSE} = \sqrt{\frac{1}{T_{\mathrm{pre}}} \sum_{n=k+1}^{k+T_{\mathrm{pre}}} (x_n^{\mathrm{real}} - x_n^{\mathrm{pre}})^2} \qquad (5.50)$$

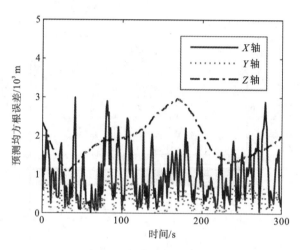

图 5.12　轨迹预测精度

将轨迹预测时间设置为 30 s，图 5.13 所示的是一个预测周期内预测 RMSE 随

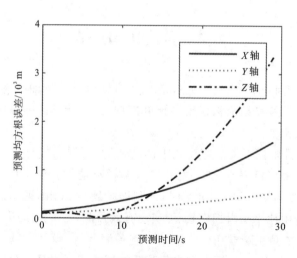

图 5.13　预测精度随外推时间变化曲线

113

预测时间的变化。由此可见,轨迹预测 RMSE 随预测时间逐渐增大,与 z 轴 RMSE 相比,x 轴与 y 轴的 RMSE 变化较小,这也说明飞行器在 z 轴方向的机动能力较强。

图 5.14 所示的是在起始预测时刻 $k=50$,预测时间为 30 s 时,预测误差椭球在 y 轴与 z 轴的一个切面,其中方框为运动轨迹的理论真值,米号为执行单次轨迹预测算法的预测点,实线椭圆为误差椭圆,误差椭球半径分别为 3874 m、749 m、3851 m。

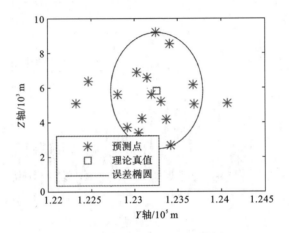

图 5.14 轨迹预测均方根误差椭圆图

5.3 本章小结

本章研究了两种机动模式下的运动轨迹趋势预测问题,根据机动模式具有的目标运动轨迹特性及其结论构建轨迹预测模型,并设计了两种轨迹预测算法。主要工作和研究结论如下。

(1)针对常升阻比平衡滑翔模式下的轨迹预测问题,设计了基于解析法的轨迹预测算法。仿真分析表明,建立的轨迹预测模型能够反映 HGV 在该机动模式下的运动规律,当预测时间为 100 s 时,预测误差约为 2 km,说明设计的轨迹预测算法适用于常升阻比平衡滑翔模式,可实现有效预测。

(2)针对常攻角跳跃滑翔模式下的轨迹预测问题,设计了基于解析法的轨迹预测算法。建立了 HGV 目标在常攻角跳跃滑翔模式下在量测坐标系中的运动微分方程,并通过合理简化求解了其解析解,即建立了轨迹预测模型。仿真分析表明,常攻角跳跃滑翔模式下的轨迹预测算法在预测时间为 30 s 时,误差椭球半径分别为 3874 m、749 m、3851 m,可实现运动轨迹的有效预测。

(3) HGV 目标滑翔段可采用多种机动模式,整个滑翔过程可采用单一机动模式,也可采用多种机动模式的组合模式。本章基于典型控制模式的方法提出了两种机动模式下的轨迹预测算法,为实现滑翔段全程的轨迹预测,需要进一步研究其他类型的机动模式下的轨迹预测算法以及相应的机动模式识别方法。

第6章

基于参数辨识的高超声速
飞行器轨迹预测

第 5 章基于典型控制模式的 HGV 轨迹预测方法主要针对常升阻比平衡滑翔和常攻角跳跃滑翔模式下的 HGV 轨迹进行预测。然而，当 HGV 处于其他机动模式时，该类轨迹预测方法将面临失效，因此，需要探索其他途径的轨迹预测方法，以满足 HGV 目标在更广泛机动模式下的轨迹预测需求[142]。本章通过对预测参数进行估计和外推实现轨迹预测，其基本思路是通过对 HGV 的运动参数进行挖掘和表征，并通过对运动参数进行外推和轨迹重构以实现目标的轨迹预测，主要包括预测参数选取、状态估计和预测方法三个部分。

本章主要从 HGV 机动模式认知的角度，提出了一种基于参数辨识的 HGV 轨迹预测算法。首先，从预测参数选择和预测参数描述两个方面梳理了影响运动规律认知的关键因素，并分析不同预测参数及不同描述方法的优劣。在此基础上，选择气动加速度为预测参数，并采用经验小波变换对气动加速度进行去噪，利用注意力卷积长短时记忆网络对预测参数进行预测，最后通过轨迹重构对 HGV 进行轨迹预测。

6.1　预测参数的选择

基于参数辨识的轨迹预测方法首先要进行预测参数选择、预测参数描述，即寻找具有稳定规律的预测参数，并对其进行描述。

预测参数主要包括高阶参数和低阶参数。以动力学方程为预测架构,动力学方程等式左侧皆为比位置高阶的参数,表现高阶信息[143];基于弹道轨迹的时间序列直接对位置进行表征,表现低阶信息。因此,将预测参数分为高阶参数与低阶参数(其区别在于选取的参数能否直接确定目标的空间位置,并可以通过滤波数据解算)。

1. 高阶参数

HGV 轨迹基于运动微分方程组生成,控制参数决定飞行样式、机动模式。因此,以方程组为架构选取其中运动参数进行预测进而得到状态预测是一种合理的轨迹预测方案。则有

$$\begin{cases} \dot{r} = V\sin\theta \\ \dot{\lambda} = \dfrac{V\cos\theta\sin\sigma}{r\cos\phi} \\ \dot{\phi} = \dfrac{V\cos\theta\cos\sigma}{r} \\ \dot{V} = -\dfrac{D}{m} - g\sin\theta \\ \dot{\theta} = \dfrac{L\cos\upsilon_c}{mV} + \dfrac{V\cos\theta}{r} - \dfrac{g\cos\theta}{V} \\ \dot{\sigma} = \dfrac{L\sin\upsilon_c}{mV\cos\theta} + \dfrac{V\cos\theta\sin\sigma\tan\phi}{r} \end{cases} \tag{6.1}$$

高阶参数包括运动速度、加速度、气动加速度等,其选择自由度较大,具有较为明确的物理意义,且这些参数的变化规律不受观测坐标的影响。因此,现有 HGV 三维轨迹预测大多选择高阶参数。李广华等人[26]提出基于最佳机动模式的轨迹预测算法,认为 HGV 在高度方向的加速度呈衰减振荡形式,在经/纬度方向采用匀加速、线性加速、二次曲线加速或三角函数的组合进行拟合。该算法在高度方向加速度假设较为合理,而在经/纬度方向加速度采用多种函数形式进行拟合,虽然其适应性较好,但也表明对该方向的加速度规律有待深入分析。

由于高阶参数最终可以通过运动微分方程组积分或状态外推得到预测结果,具有高精度预测的潜力。但当前难点在于具有稳定规律的高阶参数难以寻找与求解,大多参数无法从理论上论证其稳定的规律性[83]。

2. 低阶参数

另外,可以直接对弹道轨迹进行分析得到位置信息关于时间的函数。则有

$$\begin{cases} A(t) = f_A(a_1, b_1, c_1, \cdots, t) \\ B(t) = f_B(a_2, b_2, c_2, \cdots, t) \\ C(t) = f_C(a_3, b_3, c_3, \cdots, t) \end{cases} \tag{6.2}$$

式中:$A(t)$、$B(t)$、$C(t)$ 为可以空间中唯一确定位置点坐标(空间直角坐标、极坐标、经纬高坐标等),t 为时间,a_1,b_1,c_1 为常数。

低阶参数本质是不同坐标系下的位置信息。主要包括位置参数,如雷达站心极坐标系(距离—方位—俯仰),地理坐标系(经—纬—高)等。杨彬等人[96]利用神经网络强大的非线性逼近能力直接预测 HGV 轨迹,该算法适应性较好,但预测精度无法保证且严重依赖于数据体量。韩春耀等人[144]针对 HGV 存在高度跳跃情况,采用通过集成经验模态分解将高度数据进行分解,将其分为趋势项及周期项,并对其进行预测,但仅有高度层面具有较为明显的周期及下降趋势,其他两个方向规律不明确。因此,该算法无法适用于三维轨迹预测。

采用低阶参数预测目标轨迹优点在于无须积分推导状态,误差累计较小。其难点在于,该参数时间序列受观测点及坐标系影响较大,此外,时间序列的变化规律不稳定,非线性程度较高。因此,当前基于低阶参数的 HGV 轨迹预测算法相对较少,对预测算法的非线性适应性要求较高。总体而言,低阶参数非线性程度较高,规律较难发现,高阶参数选择自由度较大,其规律相对明显,当前预测参数研究重点为高阶参数。

根据 4.1 节分析可知,当 HGV 进行跳跃滑翔时,主要受重力、气动阻力、气动升力的作用。飞行器所受的气动阻力和气动升力的大小会随着飞行器的跳跃状态呈现类周期的变化。气动转弯力加速度和气动爬升力加速度作为气动升力加速度的分量,具有和气动升力加速度类似的特性,即具有类周期性。因此,气动加速度即包含了控制变量信息又具有相对稳定的变化规律,故选取气动加速度作为 HGV 轨迹的预测参数。

6.2　预测参数估计及去噪

6.2.1　预测参数的估计

选定气动加速度作为预测参数后,还需要实时获取气动加速度的取值。根据第 4 章的动力学模型跟踪算法,在跟踪过程中对气动阻力加速度、气动升力加速度和倾侧角的值进行实时估计。

由坐标系之间的变换关系可知,飞行器气动加速度从 VTC 坐标系到 ENU 坐标系的转换公式如下:

$$a_A^{ENU} = T_{VTC}^{ENU} \cdot a_A^{VTC} \tag{6.3}$$

式中：T_{VTC}^{ENU} 为坐标转换矩阵。

根据气动加速度分量间的相互关系，可以得到 HGV 气动阻力加速度、爬升力加速度和转弯力加速度的实时估计值。气动加速度包含了未知的攻角、倾侧角等控制量信息，也包含了飞行器质量、飞行器面积等机体信息，因此可以根据预测起始点的位置信息和未来一段时间内气动加速度的数据信息，利用运动方程重构飞行器运动轨迹，进而实现轨迹预测。

6.2.2　预测参数的去噪

由跟踪算法直接估计出的预测参数取值是含有噪声的，需要先进行去噪处理。现有的去噪方法主要包括经验模态分解（empirical mode decomposition，EMD）、小波变换（wavelet transform，WT）、经验小波变换（empirical wavelet transform，EWT）。EMD 无须预设基函数，自适应性较好，但是缺乏严格理论支撑且对噪声敏感[145,146]；小波变换需要预设基函数，基函数通常根据经验设定，降噪效果和选取的基函数有密切关系[147-149]；经验小波变换无须预设基函数，计算复杂度小、理论体系完善，在降噪方面取得了较好效果[150-152]，得到了广泛应用。

受观测噪声的干扰，通过跟踪估计的飞行器气动加速度值往往含有未知噪声，直接利用估计值进行预测会受到噪声干扰，降低预测精度，产生较大预测误差，因此需要先将估计的气动加速度分量信息进行去噪。本章通过经验小波变换—关联度分析的方法进行处理。首先，通过 EWT 将气动加速度估计值分解为多个本征模态函数（intrinsic mode function，IMF）；其次，计算 IMF 分量与原信号的灰色关联度，按照灰色关联度大小对 IMF 分量进行排序；最后，选取关联度较大的 IMF 分量进行信号重构，得到降噪后的气动加速度估计值。

1. 经验小波变换

EWT 是结合了 EMD 和 WT 后提出的一种新理论，无须预设基函数，能自适应对信号进行处理，其计算量较小，基础理论充分，很多研究表明 EWT 相比 EMD 和 WT 具有明显优势[145,148,150,151,152]。该方法核心思想是将信号的傅里叶（Fourier）频谱进行自适应分割，规定 Fourier 频谱频率范围为 $[0,\pi]$，构造一组正交小波滤波器组，提取具有紧支撑 Fourier 频谱的调幅调频成分。其具体步骤如下。

在频率范围 $[0,\pi]$ 内寻找信号 Fourier 频谱的极大值，将频谱划分为 N 个连续区间，相邻区间的边界为 ω_n，并以 ω_n 为中心，定义 $2\tau_n$ 为过渡段宽度，如图 6.1 所示，每个区间可表示为

$$\Lambda_n = [\omega_{n-1}, \omega_n], \quad n = 1, 2, \cdots, N \tag{6.4}$$

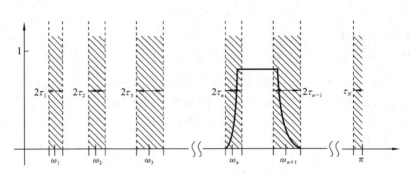

图 6.1　傅里叶频谱分割

$$\bigcup_{n=1}^{N} \Lambda_n = [0, \pi] \tag{6.5}$$

式中：$\omega_0 = 0, \omega_N = \pi$。

确定好分割区间 Λ_n 后，借鉴 Meyer 构造小波的方法，Gilles 在频域里将经验小波尺度函数和经验小波函数分别定义为 $\phi_n(\omega)$ 和 $\psi_n(\omega)$，公式为[126]

$$\phi_n(\omega) = \begin{cases} 1, & |\omega| \leqslant (1-\gamma)\omega_n \\ \cos\left[\frac{\pi}{2}\beta\left(\frac{1}{2\theta_n}(|\omega| - \omega_n + \theta_n)\right)\right], & (1-\gamma)\omega_n < |\omega| \leqslant (1+\gamma)\omega_n \\ 0, & 其他 \end{cases} \tag{6.6}$$

$$\psi_n(\omega) = \begin{cases} 1, & (1+\gamma)\omega_n \leqslant |\omega| \leqslant (1-\gamma)\omega_{n+1} \\ \cos\left[\frac{\pi}{2}\beta\left(\frac{1}{2\theta_{n+1}}(|\omega| - \omega_n + \theta_n)\right)\right], & (1-\gamma)\omega_{n+1} \leqslant |\omega| < (1+\gamma)\omega_{n+1} \\ \sin\left[\frac{\pi}{2}\beta\left(\frac{1}{2\theta_n}(|\omega| - \omega_n + \theta_n)\right)\right], & (1-\gamma)\omega_n \leqslant |\omega| \leqslant (1+\gamma)\omega_n \\ 0, & 其他 \end{cases} \tag{6.7}$$

式中：$\gamma < \min_n\left(\frac{\omega_{n+1} - \omega_n}{\omega_{n+1} + \omega_n}\right), \beta = 35x^4 - 84x^5 + 70x^6 - 20x^7$。

与 WT 类似，EWT 的细节系数 $W_f^e(n,t)$ 和近似系数 $W_f^e(0,t)$ 分别为经验小波函数和尺度函数与信号的内积，表示为[126]

$$W_f^e(n,t) = \langle f(t), \psi_n(t) \rangle = \int f(\tau) \overline{\psi_n(\tau - t)} \, \mathrm{d}\tau = F^{-1}[f(\omega)\hat{\psi}(\omega)] \tag{6.8}$$

$$W_f^e(0,t) = \langle f(t), \varphi_1(t) \rangle = \int f(\tau) \overline{\varphi_1(\tau - t)} \, \mathrm{d}\tau = F^{-1}[f(\omega)\hat{\varphi}_1(\omega)] \tag{6.9}$$

式中：$F^{-1}[\cdot]$ 表示傅里叶反变换，$\hat{\psi}_n(\omega)$ 和 $\hat{\varphi}_1(\omega)$ 分别为 $\psi_n(t)$ 和 $\varphi_1(t)$ 的 Fourier 变换，$\overline{\psi_n(t)}$ 和 $\overline{\varphi_1(t)}$ 分别为 $\psi_n(t)$ 和 $\varphi_1(t)$ 的复共轭。

120

对原始信号进行重构,公式为

$$f(t) = W_f^e(0,t) * \varphi_1(t) + \sum_{n=1}^{N} W_f^e(n,t) * \psi_n(t)$$

$$= F^{-1}\left[\hat{W}_f^e(0,\omega) * \hat{\varphi}_1(\omega) + \sum_{n=1}^{N} \hat{W}_f^e(n,\omega) * \hat{\psi}_n(\omega)\right] \quad (6.10)$$

式中: $*$ 表示卷积运算, $\hat{W}_f^e(0,\omega)$ 和 $\hat{W}_f^e(n,\omega)$ 分别表示 $W_f^e(0,t)$ 和 $W_f^e(n,t)$ 的 Fourier 变换。

2. 去噪后数据重构

通过跟踪模型估计的气动加速度经过 EWT 分解后可以得到若干个 IMF 分量,本章通过灰色关联度分析选择与原信号关联度大的 IMF 分量进行重构,从而保留真实信息,并舍弃噪声信息。

将分解后的各 IMF 分量表示为 $\mathrm{im}f_i(1), \mathrm{im}f_i(2), \cdots, \mathrm{im}f_i(n)$,其中, i 表示第 i 个 IMF 分量。

假定原信号为 x_0,计算各 IMF 分量与原信号的关联度[153,154]:

$$r_j = \sum_{n=1}^{n} \omega \frac{\min_j \min_k Q_j(k) + \rho \max_j \max_k Q_j(k)}{Q_j(k) + \rho \max_j \max_k Q_j(k)} \quad (6.11)$$

式中: $Q_j(k) = |x_0 - \mathrm{im}f_i(k)|$, $\omega = 1/n$ 为权重系数, ρ 为分辨系数, $\rho \in (0,1)$,一般取 0.5。

根据计算出的关联度,将 IMF 分量按照从大到小的顺序进行排序。选择前 90% 的 IMF 分量进行数据重构。

6.3　基于注意力卷积长短时记忆网络的轨迹预测

HGV 轨迹可以看作是时间序列,HGV 轨迹预测问题实质上是一种时间序列预测问题。循环神经网络(recurrent neural networks, RNN)是处理时间序列信息中较为经典的一种深度学习模型,但由于 RNN 在处理长距离依赖问题时存在梯度消失或梯度爆炸,因此很难进行训练。长短时记忆(long short-term memory, LSTM)网络作为一种改进的 RNN,很好地解决了 RNN 存在的缺陷,在时间序列处理上取得了广泛应用[87]。但是,LSTM 无法很好提取数据的空间特征。卷积长短时记忆(convolutional long short-term memory, ConvLSTM)网络结合了 LSTM 和 CNN 两种模型的优势,其主要改进之处是用卷积运算代替了 LSTM 中当前输入和短期记忆结合后的矩阵乘法运算[155],因此可以更好地对时间序列信息的特征和规律进行提取,已经在时间序列分类和预测等领域得到了广泛关注。本章结合 ConvLSTM 网络擅长处理时空信息的特点,并引入注意力机制加强重要信息的影响,提出了一种基于注意力机制的卷积长短时记忆网络轨迹预测模型。

6.3.1 长短时记忆网络

LSTM 网络主要思想是通过引入三个门,即遗忘门(forget gate)、输入门(input gate)、输出门(output gate),来处理记忆单元的信息,具备保存长期时间信息的能力,可以较好对信息的时间变化规律进行挖掘。LSTM 网络结构如图 6.2 所示,在前向传播过程中,遗忘门决定了当前时刻的单元状态 C_t 可以保留多少上一时刻单元状态 C_{t-1} 的信息;输入门决定了当前时刻的单元状态 C_t 可以保留多少当前时刻的输入 X_t;输出门决定了当前时刻的单元状态 C_t 有多少可以传送到输出 H_t。通过这三个门控单元,LSTM 解决了对长期信息的存储问题。其对应的更新公式表示为[132]

$$i_t = \sigma(W_{xi}X_t + W_{hi}H_{t-1} + b_i) \tag{6.12}$$

$$f_t = \sigma(W_{xf}X_t + W_{hf}H_{t-1} + b_f) \tag{6.13}$$

$$o_t = \sigma(W_{x0}X_t + W_{h0}H_{t-1} + b_0) \tag{6.14}$$

$$\hat{C}_t = \tanh(W_{xc}X_t + W_{hc}H_{t-1} + b_c) \tag{6.15}$$

$$C_t = f_t \circ C_{t-1} + i_t \circ \hat{C}_t \tag{6.16}$$

$$H_t = o_t \circ \tanh C_t \tag{6.17}$$

式中:i_t、f_t、o_t 分别表示输入门、遗忘门和输出门,X_t 表示当前输入,H_{t-1} 和 H_t 分别表示上一时刻的输出和当前时刻的输出,C_{t-1} 和 C_t 分别表示上一时刻的单元状态和当前时刻的单元状态,$\hat{C}_t$ 表示新生成信息,W_{xi}、W_{hi}、W_{xf}、W_{hf}、W_{x0}、W_{h0}、W_{xc}、W_{hc}、b_i、b_f、b_0、b_c 分别为对应的权重矩阵和偏置向量,σ 表示 sigmoid 函数,tanh 表

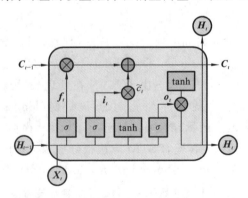

图 6.2 LSTM 网络结构

示 tanh 函数。

可以看出,LSTM 网络有三个输入值:分别是当前时刻输入 $\boldsymbol{X}_t$、上一时刻输出 $\boldsymbol{H}_{t-1}$、上一时刻单元状态 $\boldsymbol{C}_{t-1}$;有两个输出值:分别是当前时刻输出 $\boldsymbol{H}_t$、当前单元状态 $\boldsymbol{C}_t$。LSTM 网络模型通过公式(6.12)~(6.17)实现迭代更新。

6.3.2　卷积长短时记忆网络

ConvLSTM 网络最早由 X. Shi 等人[156]提出,它是在 LSTM 网络的基础上发展起来的。ConvLSTM 网络结合了卷积在数据特征提取和 LSTM 网络在长期信息存储方面的优势。因此,它能够更好地提取时间序列信息的特征和规律,在时间序列预测领域得到了广泛的应用。ConvLSTM 的网络结构如图 6.3 所示。可以看出,ConvLSTM 网络使用卷积运算而不是 LSTM 网络单元之间的全连接运算来提取数据的内部特征并捕获数据的周期性特征。它还有输入门、遗忘门、输出门和一个存储单元。

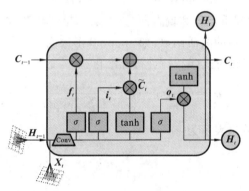

图 6.3　ConvLSTM 网络结构

其网络结构的计算过程如下[131]:

$$i_t = \sigma(\boldsymbol{W}_{xi} * \boldsymbol{X}_t + \boldsymbol{W}_{hi} * \boldsymbol{H}_{t-1} + \boldsymbol{b}_i) \tag{6.18}$$

$$f_t = \sigma(\boldsymbol{W}_{xf} * \boldsymbol{X}_t + \boldsymbol{W}_{hf} * \boldsymbol{H}_{t-1} + \boldsymbol{b}_f) \tag{6.19}$$

$$o_t = \sigma(\boldsymbol{W}_{x0} * \boldsymbol{X}_t + \boldsymbol{W}_{h0} * \boldsymbol{H}_{t-1} + \boldsymbol{b}_0) \tag{6.20}$$

$$\hat{\boldsymbol{C}}_t = \tanh(\boldsymbol{W}_{xc} * \boldsymbol{X}_t + \boldsymbol{W}_{hc} * \boldsymbol{H}_{t-1} + \boldsymbol{b}_c) \tag{6.21}$$

$$\boldsymbol{C}_t = f_t \circ \boldsymbol{C}_{t-1} + i_t \circ \hat{\boldsymbol{C}}_t \tag{6.22}$$

$$\boldsymbol{H}_t = \boldsymbol{o}_t \circ \tanh \boldsymbol{C}_t \tag{6.23}$$

式中:$\boldsymbol{X}_t$ 表示当前输入,$\boldsymbol{H}_{t-1}$ 和 $\boldsymbol{H}_t$ 分别表示上一时刻的输出和当前时刻的输出,$\boldsymbol{C}_{t-1}$ 和 $\boldsymbol{C}_t$ 分别表示上一时刻的单元状态和当前时刻的单元状态,$\hat{\boldsymbol{C}}_t$ 表示新生成信息,$\boldsymbol{W}_{xi}$、$\boldsymbol{W}_{hi}$、$\boldsymbol{W}_{xf}$、$\boldsymbol{W}_{hf}$、$\boldsymbol{W}_{x0}$、$\boldsymbol{W}_{h0}$、$\boldsymbol{W}_{xc}$、$\boldsymbol{W}_{hc}$、$\boldsymbol{b}_i$、$\boldsymbol{b}_f$、$\boldsymbol{b}_0$、$\boldsymbol{b}_c$ 分别为对应的权重矩阵和偏

置向量,σ 表示 sigmoid 函数,tanh 表示 tanh 函数,$*$ 表示卷积运算。

6.3.3　注意力机制

注意力(attention)机制是模拟人类视觉系统在处理信息时,会通过注意力自动获取关键重要信息,减少对不重要信息的关注[157,158]。其本质是通过调整信息的概率分配来实现放大重要信息的作用,减弱无用信息的作用,从而提高模型效果,在机器翻译[159]、时间序列预测[160]等方面取得了优异性能。这里,由于不同时刻的信息对当前输出的影响程度不同,通常距离当前时刻越近的信息重要性越大,因此,需要将注意力机制引入 LSTM 网络模型,根据不同时刻信息的重要性程度确定影响权重。

本章将 LSTM 网络输出的隐藏层状态作为 attention 机制层的输入。假设有 k 个特征向量输入,则第 i 个特征向量的得分计算公式为

$$e_i = \Phi(\boldsymbol{W}^{\mathrm{T}}\boldsymbol{h}_i + \boldsymbol{b}), \quad i = 1, 2, \cdots, k \tag{6.24}$$

式中:$\boldsymbol{W}$ 和 $\boldsymbol{b}$ 分别为权重矩阵和偏置向量,T 表示矩阵转置,$\Phi(\cdot)$ 为得分函数,可以被设置为神经网络中的激活函数,如 sigmoid 函数或者 linear 函数。

通过 softmax 函数对式(6.24)进行标准化:

$$\boldsymbol{\alpha}_i = \mathrm{softmax}(\boldsymbol{e}_i) = \frac{\exp(\boldsymbol{e}_i)}{\sum_i \exp(\boldsymbol{e}_i)} \tag{6.25}$$

注意力机制的最后输出表示为

$$s = \sum_{i=1}^{k} \boldsymbol{\alpha}_i \boldsymbol{h}_i \tag{6.26}$$

6.3.4　轨迹预测算法流程

本章所提预测算法的整体流程如图 6.4 所示,主要包括五个步骤,分别为选取预测参数、预测参数的估计、预测参数的去噪、预测算法的建立、进行轨迹预测。它们的具体流程如下。

(1) 选取预测参数。

选择预测参数是进行轨迹预测的基础。本章建立了 HGV 在 VTC 坐标系下的运动方程,通过分析 HGV 的运动特性和内部参数的变化规律,选择气动加速度的三个分量作为轨迹预测参数,能够充分包含控制变量的信息,还包含了未知的飞行器质量、面积等信息。

(2) 预测参数的估计。

利用第二章建立的 HGV 跟踪模型,通过雷达跟踪滤波对所选取的预测参数

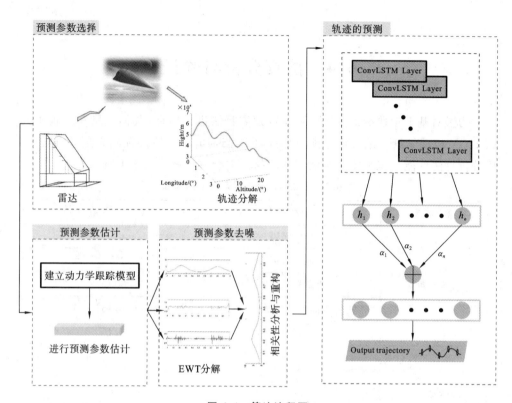

图 6.4　算法流程图

取值进行实时估计。

（3）预测参数的去噪。

设计了基于经验小波分解和灰色关联系数相结合的去噪算法,先通过经验小波对估计的预测参数取值进行分解,然后利用灰色关联系数对分解后的 IMF 分量按照关联度的大小进行重构,去掉关联度小的 IMF 分量,以消除噪声的影响,便于模型学习数据的真实变化规律。

（4）预测算法的建立。

提出了一种基于注意力卷积长短时记忆网络的轨迹预测算法,该算法结合了CNN 和 LSTM 的优势,能够较好处理具有时空特征的数据信息。

（5）进行轨迹预测。

将去噪后的预测参数作为预测算法的训练集,对模型进行训练,并对预测参数的未来数值进行预测。根据 HGV 状态信息和预测参数的取值,利用运动方程对HGV 的轨迹进行重构,得到预测轨迹。

6.4　仿真分析与验证

为了对基于参数辨识的 HGV 轨迹预测算法进行验证,我们分别在三种不同的 HGV 机动场景下进行轨迹预测实验,并与当前的主流轨迹预测算法进行对比,以分析算法性能。观测雷达和大气环境的详细参数设置如表 6.1 所示。

表 6.1　雷达观测参数及环境参数设置

参 数 类 型	参 数 名 称	数 值
雷达参数	采样间隔	0.5 s
	地理坐标	[12°, 0.5°, 1 km]
	距离量测误差	200 m
	俯仰角量测误差	0.15°
	方位角量测误差	0.15°
环境参数	空气密度常数	1.22 kg/m³
	地球引力常数	3.99×10^{14} N·m²/kg
	地球自转率	7.29×10^{-5} rad/s
	地球半径	6378 m

HGV 轨迹预测模型的训练数据来源于通过雷达仿真得到的 HGV 状态数据及气动加速度估计数据。

6.4.1　仿真设计

1. 参数设置

跟踪过程中采用无迹卡尔曼滤波(UKF)进行滤波。需要说明的是,本仿真所进行的预测,指的是多步预测,如图 6.5 所示。通过将预测得到的结果作为输入进行下一步预测,不断循环操作,进而得到多个时间步的预测结果。

为验证所提轨迹预测算法的性能,选择以下四个预测方法作为对比算法。

方法一为 Shi[161]提出的基于 LSTM 的飞行轨迹预测方法,标记为 Method 1。

方法二为 Zeng[162]提出的基于序列对序列长短时记忆网络的飞机轨迹预测方法,标记为 Method 2。

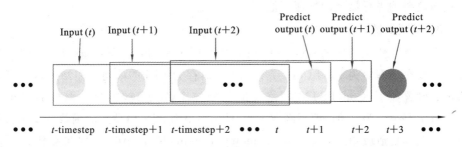

图 6.5　循环多步预测

方法三为 Ghimire[163] 提出的卷积神经网络和长短时记忆网络相结合的预测方法,标记为 Method 3。

方法四为 Fan[164] 提出的典型 HGV 轨迹预测方法,标记为 Method 4。

其中,Method 1 是常用于进行比较的模型;Method 2 和 Method 3 是近年来的先进算法;Method 4 是 HGV 的主流轨迹预测方法。如表 6.2 所示,我们遵循 Method 1、Method 2 和 Method 3 的实验设置和超参数进行公平比较。这些模型的时间步长由试错法确定。

表 6.2　基准模型的超参数设置

超 参 数	Method 1	Method 2	Method 3
学习率	0.01	0.006	0.001
批量大小	128	400	500
丢弃率	0.2	0.2	0.1
激活函数	Rule	Rule	Rule
优化器	RMSProp	Adam	Adam
损失函数	MSE	MSE	MSE
迭代次数	1000	1000	300
时间步长	70	60	90

2. 评价标准

为了对本章所提模型的性能进行客观评价,这里采用均方根误差(RMSE)作为衡量预测性能的指标,RMSE 对应的计算公式如下:

$$\text{RMSE} = \sqrt{\frac{1}{N} \sum_{i=1}^{N} (\hat{a} - a)^2} \qquad (6.27)$$

其中:N 为训练样本数,$\hat{a}$ 为预测的高超声速滑翔飞行器气动加速度值,a 为真实的高超声速滑翔飞行器气动加速度值。

3. 模型训练

本仿真所使用的代码通过 Python 3.7.6 版本编写,基于 TensorFlow 框架实现。实验在处理器为 Intel Core i7-10510U、内存为 16G 的移动工作站进行。模型的参数设置如下:ConvLSTM 网络层的卷积核个数为 16,每个卷积核的大小为 (1,3);学习率设为 0.01,训练次数为 100,批大小为 36。模型激活函数选择 ReLU 函数。选择自适应矩估计(adaptive moment estimation,Adam)优化器作为优化方法,根据误差梯度对模型中的参数进行优化。Adam 是对传统随机梯度下降算法的扩展,不仅能计算模型中各参数的自适应学习率,还可以使模型更高效地收敛。

HGV 轨迹预测属于典型的回归问题,本章采用均方误差(mean squared error,MSE)作为损失函数。模型根据预测的气动加速度和跟踪得到的估计气动加速度,可以在训练数据上计算出 MSE 值,并通过反向传播得到在每一层上的误差梯度。其对应的计算公式如下:

$$MSE = \frac{1}{M} \sum_{i=1}^{M} (\hat{a} - a)^2 \tag{6.28}$$

6.4.2 仿真场景一

1. 轨迹设计

某 HGV 由发射火箭助推后依靠惯性继续上升至最高点,之后再进入大气层,进入跳跃滑翔阶段,并按预设模式进行机动。假设 HGV 的倾侧角恒为 0°,攻角设定为与速度相关的连续函数。目标机动轨迹、观测轨迹如图 6.6 所示。

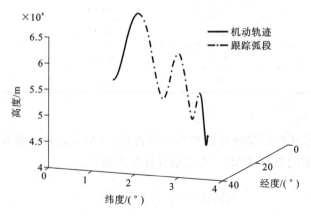

图 6.6 HGV 轨迹

2. 数据去噪

运用第二章所提的跟踪模型对飞行器机动进行跟踪,可以得到飞行器位置状态信息和气动加速度信息。运用 3.3.2 节所提 EWT 算法对跟踪估计的气动加速度进行数据分解,得到多个 IMF 分量和余项,结果如图 6.7 所示。

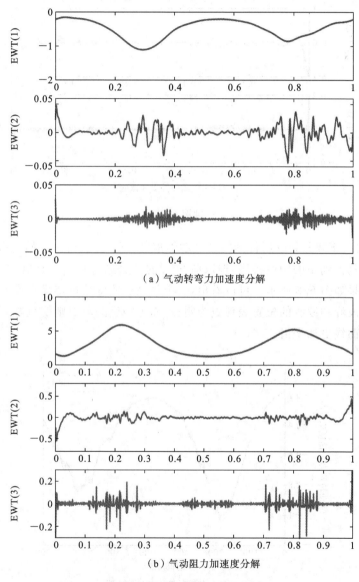

（a）气动转弯力加速度分解

（b）气动阻力加速度分解

图 6.7　气动加速度 EWT 分解

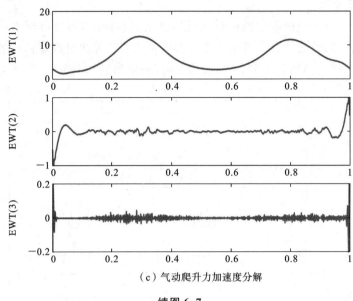

（c）气动爬升力加速度分解

续图 6.7

　　分别计算 EWT 分解后得到的各气动加速度 IMF 分量所占原始信号的能量比例，并按照从大到小的顺序排序，选取前 90％ 的分量进行重构，得到降噪后的气动加速度，结果如图 6.8 所示。可以看出，三个气动加速度分量都呈现震荡的变化特征，噪声在波峰和波谷的位置表现更为明显，而去噪后的数据则明显减弱了噪声的影响，整体曲线更加平滑。

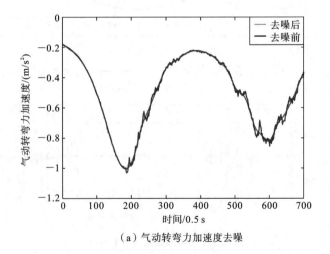

（a）气动转弯力加速度去噪

图 6.8　气动加速度去噪

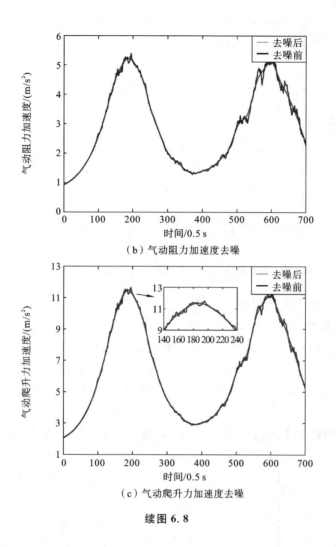

（b）气动阻力加速度去噪

（c）气动爬升力加速度去噪

续图 6.8

3. 时间步长的设计

时间步长是影响模型性能的一个重要指标。选取合适的时间步长有利于改善模型的预测能力。本章对时间步长进行了探索优化，以 10 为间隔，在 10 到 130 范围内进行了等间隔实验。气动爬升力加速度未来 180 s 的预测 RMSE 随时间步长的变化如图 6.9 所示。

气动转弯力加速度和气动阻力加速度预测 RMSE 随时间步长的改变也具有类似的变化特性。可以看出，模型的预测性能随着时间步长的增大先逐渐变好再逐渐变差。这是因为时间步长的增大使得信息量增大，改善了模型性能，但时间步长过大时，冗余信息变多，又会干扰模型性能。当时间步长等于 90 时，模型的性能

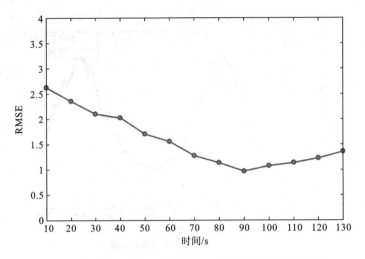

图 6.9 气动爬升力加速度预测 RMSE 随时间步长的变化

达到最优。因此,我们将时间步长设为 90。

4. 消融实验

为研究数据去噪和注意力机制对所提方法性能的影响,设计了消融实验。选择 EWT-ConvLSTM 模型和 AConvLSTM 模型作为对比模型,其中 EWT-ConvLSTM 模型没有添加注意力机制,AConvLSTM 模型的输入数据没有进行去噪处理。

在相同的数据集上进行实验,不同模型对应的 RMSE 箱型图如图 6.10 所

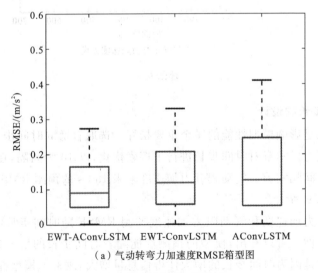

(a) 气动转弯力加速度RMSE箱型图

图 6.10 消融实验的结果

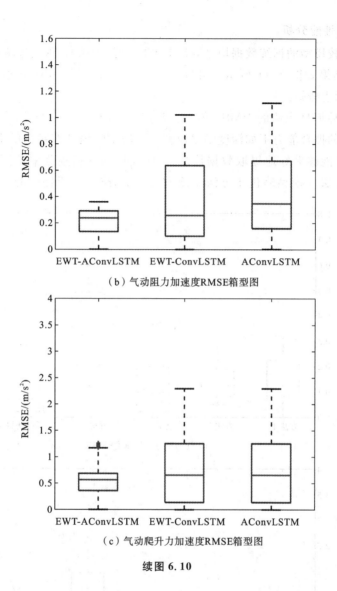

（b）气动阻力加速度RMSE箱型图

（c）气动爬升力加速度RMSE箱型图

续图 6.10

示。可以发现,EWT-AConvLSTM 模型的性能优于其他两个模型。这说明数据降噪和注意机制都可以有效地提高模型的预测性能。这是因为数据降噪可以消除噪声干扰,便于模型提取预测参数的真实变化规律,使预测方法能够更准确地对预测参数进行建模。注意机制可以调整关键节点的权重,并根据影响的大小为节点分配不同的权重,放大了关键信息的影响,有利于对模型进行更准确的预测。

5. 预测性能分析

所有比较模型的训练数据均已通过 EWT 去噪，对未来 180 s 内的预测参数值进行预测，结果如图 6.11 所示。可以看出，该方法的平均 RMSE 值低于其他模型，其箱线图也较短。

比较五种模型预测的 RMSE 值，发现方法 4 的预测效果稍差，表明方法 4 对非线性数据的拟合能力不如深度学习模型。方法 1 的预测性能略低于方法 2。这表明，方法 2 能够更好地提取数据特征，在时间序列数据预测中发挥了良好的作用。此外，方法 3 模型略优于方法 1 或方法 2 的，略差于所提出的方法。可以发

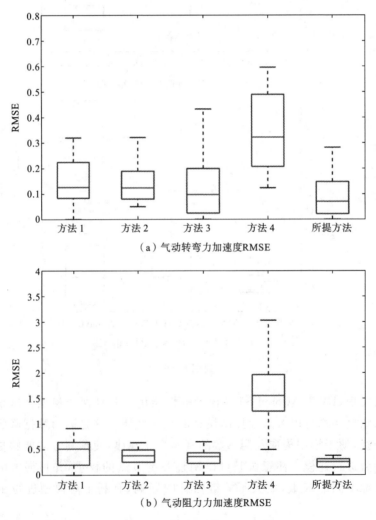

（a）气动转弯力加速度RMSE

（b）气动阻力力加速度RMSE

图 6.11　预测加速度 RMSE 比较

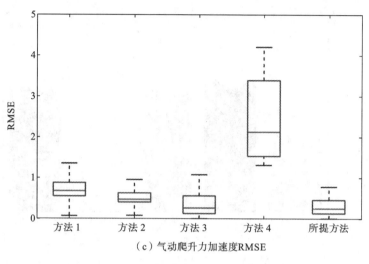

（c）气动爬升力加速度RMSE

续图 6.11

现,方法 3 和所提方法都具有处理时空信息的能力,但是它们的预测结果有很大的不同。这是因为方法 3 由相互独立的 CNN 层和 LSTM 层组成。因此,它将时间和空间特征分开处理。然而,该方法将卷积嵌入 LSTM 层,可以同时处理时间和空间特征。因此,所提方法在预测方面比方法 3 更具优势。

　　经过综合比较,我们发现该方法的预测性能优于现有的几种预测模型,且预测误差最小。它可以有效地预测气动加速度的未来值。

　　表 6.3 所示,根据模型单步耗时从小到大的顺序,分别为方法 4、方法 1、方法 3、所提方法和方法 2。时间消耗以直方图的形式表示,如图 6.12 所示。方法 4 的时间消耗最短,其单步预测时间为 0.0102 s。相比之下,深度学习模型通常消耗更多的时间。方法 2 的预测时间最长,其单步预测时间为 0.0328 s,所提方法的单步预测时间为 0.0312 s。综合考虑预测效果和时间消耗,所提方法的应用价值较其他方法更大。

表 6.3　模型的平均单步预测耗时

项　　目	方法 1	方法 2	方法 3	方法 4	所 提 方 法
单步预测耗时/s	0.0185	0.0328	0.0305	0.0102	0.0312

　　使用上述模型重构 HGV 的轨迹,可以获得预测的轨迹,如图 6.13 所示。通过计算预测轨迹和实际轨迹的位置误差,可以获得 RMSE 箱线图,如图 6.14 所示。可以看出,所提方法达到了最优的预测精度,预测的弹道基本上能够反映 HGV 机动的总体趋势,为 HGV 拦截提供支持。

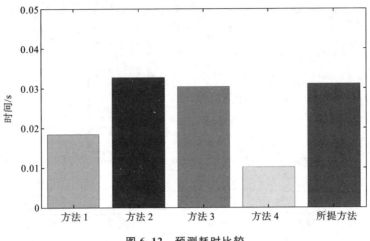

图 6.12 预测耗时比较

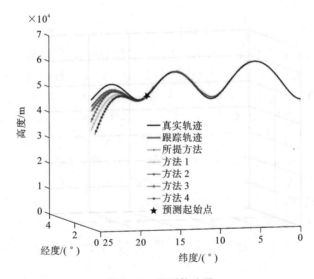

图 6.13 预测轨迹图

6.4.3 仿真场景二

转弯机动是 HGV 在横向的典型机动。为了更全面地验证模型的性能，我们对 HGV 转弯机动轨迹进行了预测实验。HGV 的初始高度为 52 km，初始速度为 5000 m/s，雷达的位置和参数设置保持不变。HGV 转弯机动的轨迹如图 6.15(a) 所示，其相应的控制变量变化如图 6.15(b) 所示。跟踪位置误差如图 6.16 所示。

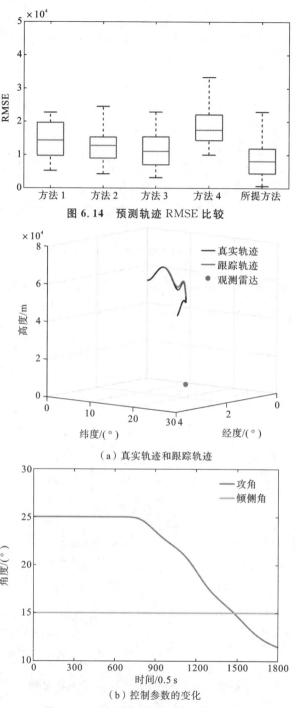

图 6.14 预测轨迹 RMSE 比较

（a）真实轨迹和跟踪轨迹

（b）控制参数的变化

图 6.15 跳跃滑翔转弯机动 HGV 轨迹

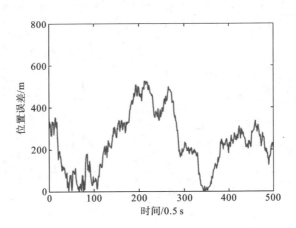

图 6.16 跳跃滑翔转弯机动 HGV 轨迹跟踪误差

　　分别使用所提出的方法和基准模型对 HGV 轨迹进行预测,并获得如图 6.17 所示的预测轨迹。通过计算预测轨迹和实际轨迹的 RMSE,可获得每个模型对应的预测误差,如图 6.18 所示。可以看出,当 HGV 在横向进行转弯机动时,每个模型的预测误差都会增加,但仍然保持良好的预测精度。与其他模型相比,本章提出的方法在 HGV 侧向转弯机动下仍具有较高的预测精度。结果表明,该方法具有良好的健壮性,能有效地处理典型的 HGV 机动。

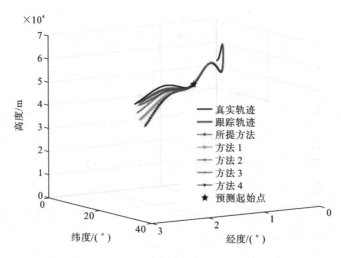

图 6.17 跳跃滑翔转弯机动 HGV 轨迹预测

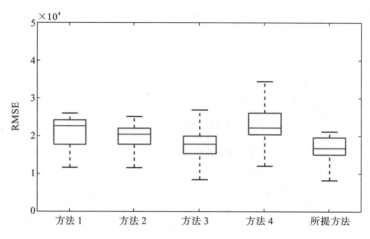

图 6.18　跳跃滑翔转弯机动 HGV 轨迹预测 RMSE

6.4.4　仿真场景三

带横向交织机动的跳跃弹道是 HGV 的一种复杂机动方式,有利于避免探测和拦截。通过在 HGV 复杂机动模式下进行轨迹预测实验,验证该方法的适应性。设置 HGV 的初始高度为 50 km,初始速度为 4500 m/s,雷达的位置和参数设置保持不变。利用雷达跟踪仿真模型对轨迹进行跟踪和参数估计,得到横向摆动跳跃滑翔的原始弹道和跟踪弹道,如图 6.19(a)所示。其相应的控制变量变化如图 6.19(b)所示。跟踪位置误差如图 6.20 所示。

如图 6.21 所示,所提方法和基线模型分别用于预测轨迹。通过计算预测轨迹和实际轨迹的 RMSE 箱线图,获得与每种方法对应的预测误差,如图 6.22 所示。可以看出,HGV 的复杂机动带来了轨迹预测误差的快速增加。与其他模型相比,该方法在 HGV 复杂机动模式下仍保持相对稳定的预测性能。然而,复杂机动模式下的 HGV 轨迹预测仍然非常困难。如图 6.19 所示,HGV 在预测点后进行转弯机动,而预测模型仍根据原始机动规律预测轨迹。因此,预测误差显著增加。

6.4.5　仿真结果分析

通过对三条 HGV 典型机动轨迹的轨迹预测实验,分析了不同方法在不同时间间隔内的预测性能。

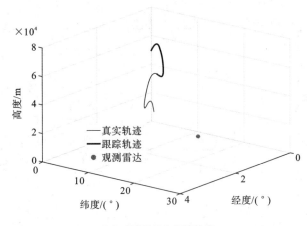

（a）真实轨迹和跟踪轨迹

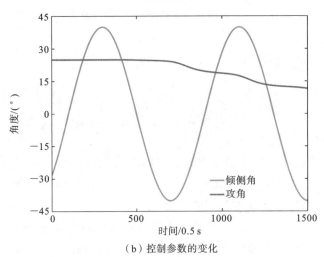

（b）控制参数的变化

图 6.19　跳跃滑翔蛇形机动 HGV 轨迹

　　将无侧向机动的 HGV 跳跃轨迹、侧向转弯机动的 HGV 跳跃轨迹和侧向交织机动的 HGV 跳跃轨迹分别标记为轨迹一、轨迹二和轨迹三。三条 HGV 轨迹在纵向上都表现为跳跃滑翔状态，而在横向上的机动状态各不相同。各预测模型对轨迹一、轨迹二和轨迹三的预测位置误差结果如表 6.4 所示。可以看出，随着 HGV 机动模式变得更加复杂，预测误差显著增加。这主要是由于 HGV 的侧向机动给轨迹预测带来了困难，侧向机动越复杂，轨迹预测的误差就会越大。通过分析预测时间与预测误差的关系可以发现，随着预测时间的延长，轨迹预测误差也明显增大，而 0～180 s 的预测误差一般高于 0～90 s

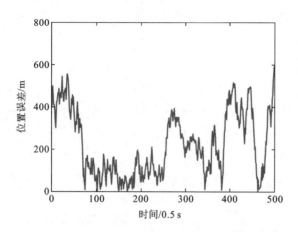

图 6.20　跳跃滑翔蛇形机动 HGV 轨迹跟踪误差

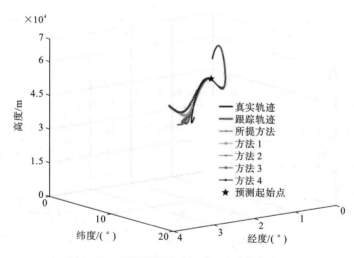

图 6.21　跳跃滑翔蛇形机动 HGV 轨迹预测

的,这是因为预测时间的延长给 HGV 的轨迹机动带来了更多的不确定性,导致轨迹预测误差增大。

　　轨迹预测方法的实质是通过学习已知轨迹的运动规律来预测未来的轨迹。因此,预测模型学习 HGV 轨迹潜在规律的能力越强,预测误差越小。仿真结果表明,该方法在三种 HGV 机动场景下的轨迹预测性能均优于比较算法,证明了该方法的有效性。

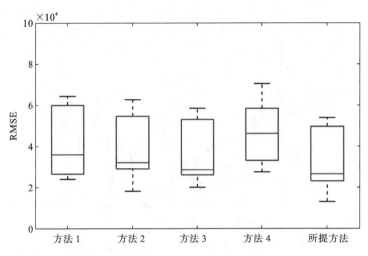

图 6.22 跳跃滑翔蛇形机动 HGV 轨迹预测 RMSE

表 6.4 HGV 的轨迹预测误差

RMSE/m	模　型					
	轨迹一		轨迹二		轨迹三	
	0～90 s	0～180 s	0～90 s	0～180 s	0～90 s	0～180 s
方法 1	12981	14712	20826	22677	34314	42206
方法 2	11243	13541	18264	21309	32917	39541
方法 3	10587	12441	16891	18586	31550	37148
方法 4	16203	19911	22323	25540	36100	45857
所提方法	8910	10621	15295	17306	28906	34225

6.5 本 章 小 结

　　本章将 HGV 轨迹预测问题看作一个时间序列预测问题,从防御方视角出发,假设飞行器质量、面积及控制量等信息均未知的情况下,完全利用跟踪得到的信息,对 HGV 轨迹在线预测进行研究,提出了一种去噪和预测模型相结合的 EWT-AConvLSTM 算法,经过仿真分析如下。

（1）利用 EWT 算法对数据进行去噪，可以有效消除噪声干扰，有利于预测模型更准确地学习数据规律和特征。

（2）基于注意力机制的 ConvLSTM 模型可以更好提取数据的特征，并具备长时间预测能力，通过与现有的几种主流预测方法进行仿真对比，所提方法的预测误差更小，具备更准确地预测性能。

（3）利用跟踪估计的飞行器状态信息，通过将去噪和预测模型相结合，对飞行器气动加速度进行预测，能够有效重构出 HGV 未来轨迹，对空天安全防御具有重要意义，可以为目标拦截提供信息引导。

此外，需要特别指出的是，由于本章实现 HGV 轨迹预测依靠的主要数据基础是跟踪数据，所以预测误差不仅受气动加速度预测精度的影响，还受到跟踪精度的影响。因此，同时提高跟踪精度和预测精度能够更加有效地提高轨迹预测精度。

第7章

总结与展望

　　随着 HGV 技术的逐渐成熟,以俄罗斯为代表的军事强国已经进入 HGV 的实战部署阶段,对现有的预警探测系统提出了严峻挑战,使得各国空天安全防御面临新的形势和任务。对此,美国提出了"高超声速与弹道跟踪天基传感器系统"项目,期望实现对高超武器的探测跟踪,同时正计划对现有的末段区域高空防御系统进行改进,使其能够具备对高超武器的拦截能力。俄罗斯也开始构建"防空反导一体化地空导弹武器系统"。可以看出,HGV 的防御和拦截已经成为空天安全必须面临的一道难题,也将是未来空天防御的一项重点工作。为此,本书以 HGV 为研究目标,以 HGV 的防御和拦截为指引,围绕 HGV 的运动特性、目标跟踪、轨迹预测等一系列问题进行了系统深入地探索和研究,为获取高超声速目标连续可靠的轨迹情报提供了技术支撑,为高超声速武器拦截防御技术的研究提供了理论参考。本书的主要工作如下。

1. 系统分析了 HGV 的机动特性

　　实现轨迹预测的前提是目标运动满足一定的运动规律或限制,对于随机机动的运动轨迹,难以设计有效轨迹预测算法。为研究目标运动规律,首先构建了 HGV 在滑翔段的运动微分方程,分析了典型的 HGV 验证项目 CAV-H 的气动力系数特征,并基于曲线拟合建立了气动力系数模型。然后,从滑翔弹道特性、运动轨迹几何特征、机动转弯半径特性、跳跃滑翔弹道射程特性以及运动可达区域等几个方面分析了 HGV 的机动特性,认为由于 HGV 全程可控,难以实现运动轨迹的全程预测,但是受限于热防护、飞行器稳定要求、机动能力等因素的约束,可实现对未来中长时间区间内运动轨迹的预测。

2. 构建了基于衰减振荡的运动学跟踪模型

从轨迹运动特征出发分析了 HGV 跳跃滑翔的机动相关性,认为其运动状态相关性同时具备衰减性及周期性。首先,在此基础上假设加速度相关性服从衰减振荡函数,构建 DO 模型连续时间及离散时间状态方程,并求解了过程噪声协方差。其次,为验证模型性能,结合 Kalman 滤波算法推导了跟踪滤波器处于稳态时的误差,然后通过误差稳态探讨了模型参数间的相互影响。再次,为了削弱先验信息缺乏对模型性能的影响,通过目标高度层峰/谷值辨识实现模型参数信息更新。最后,通过仿真对 DO 模型进行系统全面性能分析与验证。

3. 构建了基于气动加速度的动力学跟踪模型

从飞行机理的角度分析了 HGV 跳跃滑翔的气动加速度特性。首先分析了 HGV 上升与下降段受力情况,并利用数值仿真阐明了气动加速度随高度及速度变化分布,验证了跳跃滑翔 HGV 气动加速度的谐振特性。其次,在气动加速度具有稳定谐振特性的基础上,采用衰减振荡相关性对气动加速度进行建模,并推导了模型状态方程。最后,仿真验证了本文模型性能优势。

4. 提出基于典型控制模式的 HGV 轨迹预测方法

研究了常升阻比平衡滑翔模式条件下轨迹预测问题。分析了平衡滑翔条件下的滑翔弹道特性,推导了常升阻比平衡滑翔条件下 HGV 飞行高度、速度倾角与速度之间的函数关系,求解了飞行器状态关于时间的解析式,研究了常攻角零倾侧角机动模式条件下的轨迹预测问题。根据常攻角条件下的气动力系数特点简化 HGV 运动微分方程,通过合理简化,在传感器量测坐标系中建立了飞行器的运动微分方程,并求出了方程的解析解。

5. 提出了基于参数辨识的 HGV 轨迹预测方法

针对 HGV 缺乏先验信息,且轨迹预测参数含有噪声、变化规律难以准确表征的问题,提出了一种基于参数辨识的 HGV 轨迹预测方法。该方法选择气动加速度的三个分量作为预测参数,分析了气动加速度各分量的变化规律,通过动力学跟踪模型估计气动加速度各分量的实时取值,设计了基于经验小波变换和注意力卷积长短时记忆网络的轨迹预测方法。首先,通过经验小波变换对估计的气动加速度进行分解,选择关联度较大的分量进行重构,实现数据的降噪。然后,将去噪后的数据作为训练集对注意力卷积长短时记忆网络进行训练,并预测未来气动加速度。最后,通过轨迹重构获得 HGV 的轨迹预测信息。

上述研究工作在一定程度上发展和丰富了 HGV 的目标跟踪和轨迹预测理论,可以为 HGV 的防御拦截提供有力技术支撑。

本文聚焦 HGV 目标跟踪和轨迹预测问题,开展了大量理论分析、仿真实验等研究工作,并取得了一定的成果,但还有大量的工作有待进一步深入研究。

(1) 轨迹预测误差分析与评估。

HGV 轨迹预测能够为 HGV 的目标拦截和连续稳定跟踪提供可靠的情报支撑。但是轨迹预测是存在误差的,如何在目标真实机动轨迹未知的情况下去估算轨迹预测的误差,评估轨迹预测的误差范围,从而为目标拦截或者目标探测提供具体的方位引导,这是轨迹预测应用过程中绕不开的一个问题。由于时间精力有限,本文没有就这一问题开展深入研究,但这是一个非常具有实际意义的问题,值得进一步探索。

(2) 作战意图的判断。

在对 HGV 拦截防御的研究中,关于作战意图判断方面的相关文献较少。实际上,HGV 作战意图判断对防御拦截、威胁评估、态势分析具有重要影响。本文重点对 HGV 的目标跟踪和轨迹预测进行了研究。如何根据 HGV 的跟踪轨迹和预测轨迹,结合 HGV 重点打击高价值目标、决定性目标和时敏目标的特点,进一步推断 HGV 作战意图是一个有待探索的问题。

(3) 目标拦截技术。

HGV 飞行速度快、突防能力强,轨迹复杂,现有拦截武器普遍存在拦截能力不足的问题,需要借助轨迹预报信息,缓解拦截过程中的机动对抗程度,提高拦截成功率。HGV 目标跟踪和轨迹预测可以为目标拦截提供可靠的信息引导。因此,在轨迹预测信息基础上进行拦截技术的研究是一个重要问题,包括建立 HGV 和拦截弹的相对运动数学模型、拦截弹的制导律设计等。

(4) 雷达组网探测。

本文在进行 HGV 目标跟踪和轨迹预测的研究中,主要考虑的是单雷达场景。实际上,HGV 射程一般较远,如"匕首"高超声速导弹的最大射程在 2000 km 左右,超出了单雷达的视距范围,且飞行速度快、机动能力强,所以仅依靠单雷达难以进行有效跟踪,需要进行雷达组网探测。因此,雷达网内各雷达之间的目标交接、雷达之间的信息融合、任务调度等问题,仍有待进一步研究和解决。

DO模型状态转移矩阵及过程噪声协方差

1. 状态转移矩阵

通过矩阵多项式展开求解 $\boldsymbol{F}(T,\alpha,\beta)$ 等价的离散时间矩阵，令 $\boldsymbol{F}(T,\alpha,\beta)=\mathrm{e}^{AT}$，则有

$$\det(\lambda\boldsymbol{E}-\boldsymbol{A})=\begin{vmatrix} \lambda & -1 & 0 & 0 \\ 0 & \lambda & -1 & 0 \\ 0 & 0 & \lambda & -1 \\ 0 & 0 & (\alpha^2+\beta^2) & \lambda+2\alpha \end{vmatrix}=\lambda^2(\lambda^2+2\lambda\alpha+\alpha^2+\beta^2)$$

（附.1）

则矩阵特征值为

$$\begin{cases} \lambda_1=0 \\ \lambda_2=0 \\ \lambda_3=-\alpha+\beta\mathrm{j} \\ \lambda_4=-\alpha-\beta\mathrm{j} \end{cases}$$

（附.2）

设 $f(t\boldsymbol{A})=\mathrm{e}^{\boldsymbol{A}t}=a_0(t)\boldsymbol{E}+a_1(t)\boldsymbol{A}+a_2(t)\boldsymbol{A}^2+a_3(t)\boldsymbol{A}^3$，$f(t\lambda)=\mathrm{e}^{t\lambda}$ 与 $\boldsymbol{F}(T,\alpha,\beta)=\mathrm{e}^{\boldsymbol{A}T}$ 在 $\sigma(\boldsymbol{A})=\{0,-\alpha+\beta\mathrm{j},-\alpha-\beta\mathrm{j}\}$ 具有相同的值，当 λ 取式（附.2）中不同值时可得

$$\begin{cases} a_0(t)=1,a_1(t)=t \\ a_2(t)=\dfrac{(\alpha^3-3\alpha\beta^2)\sin\beta t+(3\alpha^2\beta-\beta^3)\cos\beta t}{\beta(\alpha^2+\beta^2)^2}\mathrm{e}^{-\alpha t}+\dfrac{2\alpha}{\alpha^2+\beta^2}a_1(t)-\dfrac{3\alpha^2-\beta^2}{(\alpha^2+\beta^2)^2}a_0(t) \\ a_3(t)=\dfrac{2\alpha\beta\cos\beta t+(\alpha^2-\beta^2)\sin\beta t}{\beta(\alpha^2+\beta^2)^2}\mathrm{e}^{-\alpha t}+\dfrac{1}{(\alpha^2+\beta^2)}a_1(t)-\dfrac{2\alpha}{(\alpha^2+\beta^2)^2}a_0(t) \end{cases}$$

（附.3）

$$\boldsymbol{F}(T,\alpha,\beta)=\mathrm{e}^{\boldsymbol{A}T}=a_0(T)\boldsymbol{E}+a_1(T)\boldsymbol{A}+a_2(T)\boldsymbol{A}^2+a_3(T)\boldsymbol{A}^3$$

$$=\begin{bmatrix} 1 & T & f_1(T) & f_2(T) \\ 0 & 1 & f_3(T) & f_4(T) \\ 0 & 0 & f_5(T) & f_6(T) \\ 0 & 0 & f_7(T) & f_8(T) \end{bmatrix} \tag{附.4}$$

其中,

$$\begin{cases} f_1(T)=a_2(T),f_2(T)=a_3(T),f_3(T)=T-(\alpha^2+\beta^2)a_3(T) \\ f_4(T)=a_2(T)-2\alpha a_3(T),f_5(T)=1-(\alpha^2+\beta^2)a_2(T)+2\alpha(\alpha^2+\beta^2)a_3(T) \\ f_6(T)=T-2\alpha a_2(T)+(3\alpha^2-\beta^2)a_3(T) \\ f_7(T)=-(\alpha^2+\beta^2)T+2\alpha(\alpha^2+\beta^2)a_2(T)-(\alpha^2+\beta^2)(3\alpha^2-\beta^2)a_3(T) \\ f_8(T)=1-2\alpha T+(3\alpha^2-\beta^2)a_2(T)-4\alpha(\alpha^2-\beta^2)a_3(T) \end{cases}$$

$$\tag{附.5}$$

2. 过程噪声协方差矩阵

$$\boldsymbol{W}(k)=\int_{kT}^{(k+1)T}\mathrm{e}^{\boldsymbol{A}((k+1)T-\tau)}\boldsymbol{B}\omega(\tau)\mathrm{d}\tau=\int_{kT}^{(k+1)T}\mathrm{e}^{\boldsymbol{A}((k+1)T-\tau)}\begin{bmatrix} 0 & 0 \\ 0 & 0 \\ 0 & 0 \\ \sqrt{\alpha^2+\beta^2} & 1 \end{bmatrix}\omega(\tau)\mathrm{d}\tau$$

$$=\int_{kT}^{(k+1)T}\begin{bmatrix} \sqrt{\alpha^2+\beta^2}f_2((k+1)T-\tau) & f_2((k+1)T-\tau) \\ \sqrt{\alpha^2+\beta^2}f_4((k+1)T-\tau) & f_4((k+1)T-\tau) \\ \sqrt{\alpha^2+\beta^2}f_6((k+1)T-\tau) & f_6((k+1)T-\tau) \\ \sqrt{\alpha^2+\beta^2}f_8((k+1)T-\tau) & f_8((k+1)T-\tau) \end{bmatrix}\omega(\tau)\mathrm{d}\tau$$

$$=\int_{kT}^{(k+1)T}\begin{bmatrix} \sqrt{\alpha^2+\beta^2}f_2(\tau) & f_2(\tau) \\ \sqrt{\alpha^2+\beta^2}f_4(\tau) & f_4(\tau) \\ \sqrt{\alpha^2+\beta^2}f_6(\tau) & f_6(\tau) \\ \sqrt{\alpha^2+\beta^2}f_8(\tau) & f_8(\tau) \end{bmatrix}\omega(\tau)\mathrm{d}\tau \tag{附.6}$$

$$\boldsymbol{Q}(k)=E(\boldsymbol{W}(k)\boldsymbol{W}^{\mathrm{T}}(k))$$

$$=\int_{kT}^{(k+1)T}\int_{kT}^{(k+1)T}\begin{bmatrix} \sqrt{\alpha^2+\beta^2}f_2(\tau) & f_2(\tau) \\ \sqrt{\alpha^2+\beta^2}f_4(\tau) & f_4(\tau) \\ \sqrt{\alpha^2+\beta^2}f_6(\tau) & f_6(\tau) \\ \sqrt{\alpha^2+\beta^2}f_8(\tau) & f_8(\tau) \end{bmatrix}$$

$$\bullet \, 2\alpha\sigma_a^2 \begin{bmatrix} \delta(\tau-s) & 0 \\ 0 & \delta(\tau-s) \end{bmatrix} \begin{bmatrix} \sqrt{\alpha^2+\beta^2}f_2(\tau) & f_2(\tau) \\ \sqrt{\alpha^2+\beta^2}f_4(\tau) & f_4(\tau) \\ \sqrt{\alpha^2+\beta^2}f_6(\tau) & f_6(\tau) \\ \sqrt{\alpha^2+\beta^2}f_8(\tau) & f_8(\tau) \end{bmatrix}^{\mathrm{T}} \mathrm{d}\tau\mathrm{d}s$$

$$= 2\alpha\sigma_a^2((\alpha^2+\beta^2)+1)$$

$$\int_{kT}^{(k+1)T} \begin{bmatrix} f_2^2(\tau) & f_2(\tau)f_4(\tau) & f_2(\tau)f_6(\tau) & f_2(\tau)f_8(\tau) \\ f_2(\tau)f_4(\tau) & f_4^2(\tau) & f_4(\tau)f_6(\tau) & f_4(\tau)f_8(\tau) \\ f_2(\tau)f_6(\tau) & f_4(\tau)f_6(\tau) & f_6^2(\tau) & f_6(\tau)f_8(\tau) \\ f_2(\tau)f_8(\tau) & f_4(\tau)f_8(\tau) & f_6(\tau)f_8(\tau) & f_8^2(\tau) \end{bmatrix} \mathrm{d}\tau \tag{附.7}$$

式中：$\delta(\cdot)$ 为狄拉克函数。令 $x=(k+1)T-\tau$，则过程噪声协方差为

$$\boldsymbol{Q}(k)=2\alpha\sigma_a^2((\alpha^2+\beta^2)+1)\int_0^T \begin{bmatrix} f_{22}(x) & f_{24}(x) & f_{26}(x) & f_{28}(x) \\ f_{24}(x) & f_{44}(x) & f_{46}(x) & f_{48}(x) \\ f_{26}(x) & f_{46}(x) & f_{66}(x) & f_{68}(x) \\ f_{28}(x) & f_{48}(x) & f_{68}(x) & f_{88}(x) \end{bmatrix} \mathrm{d}x$$

$$=2\alpha\sigma_a^2((\alpha^2+\beta^2)+1)\begin{bmatrix} q_{11} & q_{12} & q_{13} & q_{14} \\ q_{21} & q_{22} & q_{23} & q_{24} \\ q_{31} & q_{32} & q_{33} & q_{34} \\ q_{41} & q_{42} & q_{43} & q_{44} \end{bmatrix} \tag{附.8}$$

$$q_{11}=\int_0^T f_{22}(x)\mathrm{d}x$$

$$=\int_0^T \left[\frac{2\alpha\beta\cos\beta x+(\alpha^2-\beta^2)\sin\beta x}{\beta(\alpha^2+\beta^2)^2}\mathrm{e}^{-\alpha x}+\frac{1}{(\alpha^2+\beta^2)}x-\frac{2\alpha}{(\alpha^2+\beta^2)^2}\right]^2\mathrm{d}x$$

$$=\frac{1}{\beta^2(\alpha^2+\beta^2)^4}\left\{\frac{-5\alpha^4\beta+10\alpha^2\beta^3-\beta^5}{(2\alpha)^2+(2\beta)^2}\mathrm{e}^{-2\alpha T}\sin2\beta T\right.$$

$$-\frac{-\alpha^5+10\alpha^3\beta^2-5\alpha\beta^4}{(2\alpha)^2+(2\beta)^2}\mathrm{e}^{-2\alpha T}\cos2\beta T+(-2\alpha^3\beta+6\alpha\beta^3)T\mathrm{e}^{-\alpha T}\sin\beta T$$

$$-(6\alpha^2\beta^2-2\beta^4)T\mathrm{e}^{-\alpha T}\cos\beta T+\frac{2\alpha^4\beta-2\beta^5}{\alpha^2+\beta^2}\mathrm{e}^{-\alpha T}\sin\beta T+\frac{4\alpha^3\beta^2+4\alpha\beta^4}{\alpha^2+\beta^2}\mathrm{e}^{-\alpha T}\cos\beta T$$

$$-\frac{(\alpha^2+\beta^2)^2}{4\alpha}\mathrm{e}^{-2\alpha T}+\frac{\beta^2(\alpha^2+\beta^2)^2}{3}T^3+\frac{-4\alpha\beta^2(\alpha^2+\beta^2)}{2}T^2+4\alpha^2\beta^2 T$$

$$+\left.\frac{(\alpha^2+\beta^2)^2}{4\alpha}+\frac{-\alpha^5-6\alpha^3\beta^2-21\alpha\beta^4}{(2\alpha)^2+(2\beta)^2}\right\} \tag{附.9}$$

$$q_{11} = \int_0^T f_{22}(x)\,\mathrm{d}x$$

$$= \int_0^T \left[\frac{2\alpha\beta\cos\beta x + (\alpha^2 - \beta^2)\sin\beta x}{\beta(\alpha^2 + \beta^2)^2}e^{-\alpha x} + \frac{1}{(\alpha^2 + \beta^2)}x - \frac{2\alpha}{(\alpha^2 + \beta^2)^2} \right]^2 \mathrm{d}x$$

$$= \frac{1}{\beta^2(\alpha^2 + \beta^2)^4}\left\{ \frac{-5\alpha^4\beta + 10\alpha^2\beta^3 - \beta^5}{(2\alpha)^2 + (2\beta)^2}e^{-2\alpha T}\sin 2\beta T \right.$$

$$- \frac{-\alpha^5 + 10\alpha^3\beta^2 - 5\alpha\beta^4}{(2\alpha)^2 + (2\beta)^2}e^{-2\alpha T}\cos 2\beta T + (-2\alpha^3\beta + 6\alpha\beta^3)Te^{-\alpha T}\sin\beta T$$

$$- (6\alpha^2\beta^2 - 2\beta^4)Te^{-\alpha T}\cos\beta T + \frac{2\alpha^4\beta - 2\beta^5}{\alpha^2 + \beta^2}e^{-\alpha T}\sin\beta T + \frac{4\alpha^3\beta^2 + 4\alpha\beta^4}{\alpha^2 + \beta^2}e^{-\alpha T}\cos\beta T$$

$$- \frac{(\alpha^2 + \beta^2)^2}{4\alpha}e^{-2\alpha T} + \frac{\beta^2(\alpha^2 + \beta^2)^2}{3}T^3 + \frac{-4\alpha\beta^2(\alpha^2 + \beta^2)}{2}T^2 + 4\alpha^2\beta^2 T$$

$$\left. + \frac{(\alpha^2 + \beta^2)^2}{4\alpha} + \frac{-\alpha^5 - 6\alpha^3\beta^2 - 21\alpha\beta^4}{(2\alpha)^2 + (2\beta)^2} \right\} \tag{附.10}$$

$$q_{12} = \int_0^T f_{24}(x)\,\mathrm{d}x$$

$$= \int_0^T a_2(x)a_3(x) - 2\alpha a_3^2(x)\,\mathrm{d}x$$

$$= \frac{1}{\beta^2(\alpha^2 + \beta^2)^4}\left\{ \frac{4\alpha^5\beta - 4\alpha\beta^5}{(2\alpha)^2 + (2\beta)^2}e^{-2\alpha T}\sin 2\beta T \right.$$

$$+ \frac{-\alpha^6 + 5\alpha^4\beta^2 + 5\alpha^2\beta^4 - \beta^6}{(2\alpha)^2 + (2\beta)^2}e^{-2\alpha T}\cos 2\beta T + \frac{\alpha^6\beta + \alpha^4\beta^3 - \alpha^2\beta^5 - \beta^7}{\alpha^2 + \beta^2}Te^{-\alpha T}\sin\beta T +$$

$$\frac{2\alpha^5\beta^2 + 4\alpha^3\beta^4 + 2\alpha\beta^6}{\alpha^2 + \beta^2}Te^{-\alpha T}\cos\beta T + \frac{-2\alpha^7\beta - 2\alpha^5\beta^3 + 2\alpha^3\beta^5 + 2\alpha\beta^7}{(\alpha^2 + \beta^2)^2}e^{-\alpha T}\sin\beta T$$

$$+ \frac{-4\alpha^6\beta^2 - 8\alpha^4\beta^4 - 4\alpha^2\beta^6}{(\alpha^2 + \beta^2)^2}e^{-\alpha T}\cos\beta T + \frac{\alpha^5 + 2\alpha^3\beta^2 + \alpha\beta^4}{4\alpha}e^{-2\alpha T}$$

$$+ \frac{\alpha^4\beta^2 + 2\alpha^2\beta^4 + \beta^6}{2}T^2 + (-2\alpha^3\beta^2 - 2\alpha\beta^4)T - \frac{\alpha^5 + 2\alpha^3\beta^2 + \alpha\beta^4}{4\alpha}$$

$$\left. + \frac{\alpha^8 + 12\alpha^6\beta^2 + 22\alpha^4\beta^4 + 12\alpha^2\beta^6 + \beta^8}{4(\alpha^2 + \beta^2)^2} \right\} \tag{附.11}$$

$$q_{13} = \int_0^T f_{26}(x)\,\mathrm{d}x$$

$$= \int_0^T a_3(x)[x - 2\alpha a_2(x) + (3\alpha^2 - \beta^2)a_3(x)]\,\mathrm{d}x$$

$$= \frac{1}{\beta^2(\alpha^2 + \beta^2)^4}\left\{ \frac{3\alpha^6\beta - 5\alpha^4\beta^3 - \alpha^2\beta^5 + \beta^7}{(2\alpha)^2 + (2\beta)^2}e^{-2\alpha T}\sin 2\beta T + \frac{\alpha^7 - \alpha^5\beta^2 - 5\alpha^3\beta^4 - 3\alpha\beta^6}{(2\alpha)^2 + (2\beta)^2} \cdot \right.$$

$$e^{-2\alpha T}\cos 2\beta T + \frac{-\alpha^7\beta - 3\alpha^5\beta^3 - 3\alpha^3\beta^5 - \alpha\beta^7}{\alpha^2 + \beta^2}Te^{-\alpha T}\sin\beta T + \frac{-\alpha^6\beta^2 - 3\alpha^4\beta^4 - 3\alpha^2\beta^6 - \beta^8}{\alpha^2 + \beta^2} \cdot$$

$$\left. Te^{-\alpha T}\cos\beta T+\frac{\alpha^8\beta+4\alpha^6\beta^3+6\alpha^4\beta^5+4\alpha^2\beta^7+\beta^9}{(\alpha^2+\beta^2)^2}e^{-\alpha T}\sin\beta T+\frac{-\alpha^6-\alpha^4\beta^2+\alpha^2\beta^4+\beta^6}{4\alpha}e^{-2\alpha T} \right.$$

$$\left. +\frac{-\alpha^9+6\alpha^5\beta^4+8\alpha^3\beta^6+3\alpha\beta^8}{4\ (\alpha^2+\beta^2)^2}+\frac{\alpha^6+\alpha^4\beta^2-\alpha^2\beta^4-\beta^6}{4\alpha} \right\} \qquad (\text{附.}12)$$

$$q_{14}=\int_0^T f_{28}(x)\,\mathrm{d}x$$

$$=\int_0^T a_3(x)\left[1-2\alpha x+(3\alpha^2-\beta^2)a_2(x)-4\alpha(\alpha^2-\beta^2)a_3(x)\right]\mathrm{d}x$$

$$=\frac{1}{\beta^2\ (\alpha^2+\beta^2)^4}\left\{\frac{2\alpha^7\beta+6\alpha^5\beta^3+6\alpha^3\beta^5+2\alpha\beta^7}{(2\alpha)^2+(2\beta)^2}e^{-2\alpha T}\sin2\beta T\right.$$

$$+\frac{\alpha^8-2\alpha^6\beta^2+2\alpha^2\beta^6+\beta^8}{(2\alpha)^2+(2\beta)^2}e^{-2\alpha T}\cos2\beta T+\frac{\alpha^8\beta+4\alpha^6\beta^3+6\alpha^4\beta^5+4\alpha^2\beta^7+\beta^9}{\alpha^2+\beta^2}\cdot$$

$$Te^{-\alpha T}\sin\beta T+\frac{-\alpha^9\beta-4\alpha^7\beta^3-6\alpha^5\beta^5-4\alpha^3\beta^7-\alpha\beta^9}{(\alpha^2+\beta^2)^2}e^{-\alpha T}\sin\beta T$$

$$+\frac{\alpha^8\beta^2+4\alpha^6\beta^4+6\alpha^4\beta^6+4\alpha^2\beta^8+\beta^{10}}{(\alpha^2+\beta^2)^2}e^{-\alpha T}\cos\beta T+\frac{\alpha^7-\alpha^5\beta^2-5\alpha^3\beta^4-3\alpha\beta^6}{4\alpha}e^{-2\alpha T}$$

$$+\frac{\alpha^{10}-\alpha^8\beta^2-14\alpha^6\beta^4-26\alpha^4\beta^6-19\alpha^2\beta^8-5\beta^{10}}{4\ (\alpha^2+\beta^2)^2}+\frac{-\alpha^7+\alpha^5\beta^2+5\alpha^3\beta^4+3\alpha\beta^6}{4\alpha}\right\}$$

$$(\text{附.}13)$$

$$q_{22}=\int_0^T f_{44}(x)\,\mathrm{d}x$$

$$=\int_0^T \left[a_2(x)-2\alpha a_3(x)\right]^2\mathrm{d}x$$

$$=\frac{1}{\beta^2\ (\alpha^2+\beta^2)^4}\left\{\frac{-3\alpha^6\beta-5\alpha^4\beta^3-\alpha^2\beta^5+\beta^7}{(2\alpha)^2+(2\beta)^2}e^{-2\alpha T}\sin2\beta T+\frac{\alpha^7-\alpha^5\beta^2-5\alpha^3\beta^4-3\alpha\beta^6}{(2\alpha)^2+(2\beta)^2}\cdot\right.$$

$$e^{-2\alpha T}\cos2\beta T+\frac{2\alpha^8\beta+4\alpha^6\beta^3-4\alpha^2\beta^7-2\beta^9}{(\alpha^2+\beta^2)^2}e^{-\alpha T}\sin\beta T$$

$$+\frac{4\alpha^7\beta^2+12\alpha^5\beta^4+12\alpha^3\beta^6+4\alpha\beta^8}{(\alpha^2+\beta^2)^2}e^{-\alpha T}\cos\beta T+\frac{-\alpha^6-3\alpha^4\beta^2-3\alpha^2\beta^4-\beta^6}{4\alpha}e^{-2\alpha T}$$

$$+(\alpha^4\beta^2+2\alpha^2\beta^4+\beta^6)T+\frac{-\alpha^9-16\alpha^7\beta^2-42\alpha^5\beta^4-40\alpha^3\beta^6-13\alpha\beta^8}{4\ (\alpha^2+\beta^2)^2}$$

$$+\frac{\alpha^6+3\alpha^4\beta^2+3\alpha^2\beta^4+\beta^6}{4\alpha}\right\} \qquad (\text{附.}14)$$

$$q_{23}=\int_0^T f_{46}(x)\,\mathrm{d}x$$

$$=\int_0^T \left[a_2(x)-2\alpha a_3(x)\right]\left[x-2\alpha a_2(x)+(3\alpha^2-\beta^2)a_3(x)\right]\mathrm{d}x$$

$$= \frac{1}{\beta^2 (\alpha^2+\beta^2)^4} \left\{ \frac{2\alpha^7\beta+6\alpha^5\beta^3+6\alpha^3\beta^5+2\alpha\beta^7}{(2\alpha)^2+(2\beta)^2} \mathrm{e}^{-2\alpha T}\sin2\beta T \right.$$

$$+ \frac{-\alpha^8-2\alpha^6\beta^2+2\alpha^2\beta^6+\beta^8}{(2\alpha)^2+(2\beta)^2} \mathrm{e}^{-2\alpha T}\cos2\beta T + \frac{-\alpha^9\beta-4\alpha^7\beta^3-6\alpha^5\beta^5-4\alpha^3\beta^7-\alpha\beta^9}{(\alpha^2+\beta^2)^2} \cdot$$

$$\mathrm{e}^{-\alpha T}\sin\beta T + \frac{-\alpha^8\beta^2-4\alpha^6\beta^4-6\alpha^4\beta^6-4\alpha^2\beta^8-\beta^{10}}{(\alpha^2+\beta^2)^2} \mathrm{e}^{-\alpha T}\cos\beta T$$

$$+ \frac{\alpha^7+3\alpha^5\beta^2+3\alpha^3\beta^4+\alpha\beta^6}{4\alpha} \mathrm{e}^{-2\alpha T} + \frac{\alpha^{10}+7\alpha^8\beta^2+18\alpha^6\beta^4+22\alpha^4\beta^6+13\alpha^2\beta^8+3\beta^{10}}{4(\alpha^2+\beta^2)^2}$$

$$\left. + \frac{-\alpha^7-3\alpha^5\beta^2-3\alpha^3\beta^4-\alpha\beta^6}{4\alpha} \right\} \tag{附.15}$$

$$q_{24} = \int_0^T f_{48}(x)\mathrm{d}x$$

$$= \int_0^T [a_2(x)-2\alpha a_3(x)][1-2\alpha x+(3\alpha^2-\beta^2)a_2(x)-4\alpha(\alpha^2-\beta^2)a_3(x)]\mathrm{d}x$$

$$= \frac{1}{\beta^2 (\alpha^2+\beta^2)^4} \left\{ \frac{-\alpha^8\beta-4\alpha^6\beta^3-6\alpha^4\beta^5-4\alpha^2\beta^7-\beta^9}{(2\alpha)^2+(2\beta)^2} \mathrm{e}^{-2\alpha T}\sin2\beta T \right.$$

$$+ \frac{\alpha^9+4\alpha^7\beta^2+6\alpha^5\beta^4+4\alpha^3\beta^6+\alpha\beta^8}{(2\alpha)^2+(2\beta)^2} \mathrm{e}^{-2\alpha T}\cos2\beta T$$

$$+ \frac{\alpha^{10}\beta-7\alpha^8\beta^3+14\alpha^6\beta^5+10\alpha^4\beta^7+17\alpha^2\beta^9-3\beta^{11}}{(\alpha^2+\beta^2)^2} \mathrm{e}^{-\alpha T}\sin\beta T$$

$$+ \frac{-\alpha^8-2\alpha^6\beta^2+2\alpha^2\beta^6+\beta^8}{4\alpha} \mathrm{e}^{-2\alpha T} + \frac{-\alpha^{11}-5\alpha^9\beta^2-10\alpha^7\beta^4-10\alpha^5\beta^6-5\alpha^3\beta^8-\alpha\beta^{10}}{4(\alpha^2+\beta^2)^2}$$

$$\left. + \frac{\alpha^8+2\alpha^6\beta^2-2\alpha^2\beta^6-\beta^8}{4\alpha} \right\} \tag{附.16}$$

$$q_{33} = \int_0^T f_{66}(x)\mathrm{d}x$$

$$= \int_0^T [x-2\alpha a_2(x)+(3\alpha^2-\beta^2)a_3(x)]^2\mathrm{d}x$$

$$= \frac{1}{\beta^2 (\alpha^2+\beta^2)^4} \left\{ \frac{-\alpha^8\beta-4\alpha^6\beta^3-6\alpha^4\beta^5-4\alpha^2\beta^7-\beta^9}{(2\alpha)^2+(2\beta)^2} \mathrm{e}^{-2\alpha T}\sin2\beta T \right.$$

$$+ \frac{\alpha^9+4\alpha^7\beta^2+6\alpha^5\beta^4+4\alpha^3\beta^6+\alpha\beta^8}{(2\alpha)^2+(2\beta)^2} \mathrm{e}^{-2\alpha T}\cos2\beta T + \frac{-\alpha^8-4\alpha^6\beta^2-6\alpha^4\beta^4-4\alpha^2\beta^6-\beta^8}{4\alpha} \cdot$$

$$\mathrm{e}^{-2\alpha T} + \frac{-\alpha^{11}-5\alpha^9\beta^2-10\alpha^7\beta^4-10\alpha^5\beta^6-5\alpha^3\beta^8-\alpha\beta^{10}}{4(\alpha^2+\beta^2)^2}$$

$$\left. + \frac{\alpha^8+4\alpha^6\beta^2+6\alpha^4\beta^4+4\alpha^2\beta^6+\beta^8}{4\alpha} \right\} \tag{附.17}$$

$$q_{34} = \int_0^T f_{68}(x)\,\mathrm{d}x$$

$$= \int_0^T \left[x - 2\alpha a_2(x) + (3\alpha^2 - \beta^2)a_3(x)\right] \cdot$$

$$\left[1 - 2\alpha x + (3\alpha^2 - \beta^2)a_2(x) - 4\alpha(\alpha^2 - \beta^2)a_3(x)\right]\mathrm{d}x$$

$$= \frac{1}{\beta^2(\alpha^2 + \beta^2)^4}\left\{\frac{-\alpha^{10} - 5\alpha^8\beta^2 - 10\alpha^6\beta^4 - 10\alpha^4\beta^6 - 5\alpha^2\beta^8 - \beta^{10}}{(2\alpha)^2 + (2\beta)^2}\mathrm{e}^{-2\alpha T}\cos 2\beta T\right.$$

$$+ \frac{\alpha^9 + 4\alpha^7\beta^2 + 6\alpha^5\beta^4 + 4\alpha^3\beta^6 + \alpha\beta^8}{4\alpha}\mathrm{e}^{-2\alpha T}$$

$$+ \frac{\alpha^{12} + 6\alpha^{10}\beta^2 + 15\alpha^8\beta^4 + 20\alpha^6\beta^6 + 15\alpha^4\beta^8 + 6\alpha^2\beta^{10} + \beta^{12}}{4(\alpha^2 + \beta^2)^2}$$

$$\left. + \frac{-\alpha^9 - 4\alpha^7\beta^2 - 6\alpha^5\beta^4 - 4\alpha^3\beta^6 - \alpha\beta^8}{4\alpha}\right\} \qquad (\text{附}.18)$$

$$q_{44} = \int_0^T f_{88}(x)\,\mathrm{d}x$$

$$= \int_0^T \left[1 - 2\alpha x + (3\alpha^2 - \beta^2)a_2(x) - 4\alpha(\alpha^2 - \beta^2)a_3(x)\right]^2 \mathrm{d}x$$

$$= \frac{1}{\beta^2(\alpha^2 + \beta^2)^4}\left\{\frac{\alpha^{10}\beta + 5\alpha^8\beta^3 + 10\alpha^6\beta^5 + 10\alpha^4\beta^7 + 5\alpha^2\beta^9 + \beta^{11}}{(2\alpha)^2 + (2\beta)^2}\mathrm{e}^{-2\alpha T}\sin 2\beta T\right.$$

$$+ \frac{\alpha^{11} + 5\alpha^9\beta^2 + 10\alpha^7\beta^4 + 10\alpha^5\beta^6 + 5\alpha^3\beta^8 + \alpha\beta^{10}}{(2\alpha)^2 + (2\beta)^2}\mathrm{e}^{-2\alpha T}\cos 2\beta T + 0Te^{-\alpha T}\sin\beta T$$

$$+ \frac{-\alpha^{10} - 5\alpha^8\beta^2 - 10\alpha^6\beta^4 - 10\alpha^4\beta^6 - 5\alpha^2\beta^8 - \beta^{10}}{4\alpha}\mathrm{e}^{-2\alpha T}$$

$$+ \frac{-\alpha^{13} - 6\alpha^{11}\beta^2 - 15\alpha^9\beta^4 - 20\alpha^7\beta^6 - 15\alpha^5\beta^8 - 6\alpha^3\beta^{10} - \alpha\beta^{12}}{4(\alpha^2 + \beta^2)^2}$$

$$\left. + \frac{\alpha^{10} + 5\alpha^8\beta^2 + 10\alpha^6\beta^4 + 10\alpha^4\beta^6 + 5\alpha^2\beta^8 + \beta^{10}}{4\alpha}\right\} \qquad (\text{附}.19)$$

REFERENCES 参考文献

[1] 王俊伟，郭杰. 美军 2022 财年高超声速领域科研预算分析[J]. 飞航导弹，2021，(09)：1-7.

[2] 廖孟豪. 美国高超声速导弹发展现状与前景分析[J]. 飞航导弹，2021，(06)：24-27.

[3] Xue S，Lu P. Constrained Predictor-Corrector Entry Guidance[J]. Journal of Guidance，Control，and Dynamics，2010，33(4)：1273-1281.

[4] 胡正东，曹渊，张士峰，等. 高超声速跳跃式飞行器弹道特性分析与优化设计[J]. 宇航学报，2008，29(03)：821-825.

[5] 李建林. 临近空间高超声速飞行器发展研究[M]. 北京：中国宇航出版社，2012.

[6] 李广华，张洪波，汤国建. 高超声速滑翔飞行器典型弹道特性分析[J]. 宇航学报，2015，36(04)：397-403.

[7] 陈小庆，侯中喜，刘建霞. 高超声速滑翔飞行器弹道特性分析[J]. 导弹与航天运载技术，2011，(2)：5-9.

[8] 秦雷，李君龙，周获. 国外临近空间高速滑翔弹头运动特征研究[J]. 战术导弹技术，2015，(01)：16-20.

[9] 王洁瑶，江涌，钟世勇，等. 高超声速远程导弹弹道解析估算与特性分析[J]. 宇航学报，2016，37(04)：403-410.

[10] Jorris T R，Cobb R G. Three-Dimensional Trajectory Optimization Satisfying Waypoint and No-Fly Zone Constraints[J]. Journal of Guidance，Control，and Dynamics，2009，32(2)：551-572.

[11] 杨秀霞，张毅，施建洪，等. 助推—滑翔飞行器轨迹设计研究综述[J]. 海军航空工程学院学报，2012，27(03)：245-252.

[12] Halbe O，Mathavaraj S，Padhi R. Energy Based Suboptimal Reentry Guid-

ance of a Reusable Launch Vehicle Using Model Predictive Static Programming[C]. AIAA Guidance, Navigation, and Control Conference,2010.

[13] 张科南,周浩,陈万春. 高超声速飞行器多约束多种机动突防模式弹道规划[J]. 弹道学报,2012,24(03):85-90.

[14] 李邦杰,王明海. 滑翔式远程导弹滑翔段弹道研究[J]. 宇航学报,2009,30(06):2122-2126.

[15] Youssef H, Chowdhry R, Lee H, et al. Hypersonic Skipping Trajectory[C]. AIAA Guidance, Navigation, and Control Conference and Exhibit,2006.

[16] Li G, Zhang H, Tang G. Maneuver characteristics analysis for hypersonic glide vehicles[J]. Aerospace Science and Technology,2015,43:321-328.

[17] Rong Li X, Jilkov V P. Survey of maneuvering targettracking . part I: dynamic models[J]. IEEE Transactions on Aerospace and Electronic Systems,2004,39(4):1333-1364.

[18] Vasuhi S, Vaidehi V. Target tracking using Interactive Multiple Model for Wireless Sensor Network[J]. Information Fusion,2016,27:41-53.

[19] Bilik I, Tabrikian J. Maneuvering Target Tracking in the Presence of Glint using the Nonlinear Gaussian Mixture Kalman Filter[J]. IEEE Transactions on Aerospace and Electronic Systems,2010,46(1):246-262.

[20] Drummond O E, Li X R, Jilkov V P. Survey of maneuvering target tracking: decision-based methods[C]. Signal and Data Processing of Small Targets 2002,2002:511-534.

[21] Li X R, Jilkov V P. Survey of Maneuvering Target Tracking. Part II: Motion Models of Ballistic and Space Targets[J]. IEEE Transactions on Aerospace and Electronic Systems,2010,46(1):96-119.

[22] Raghu J, Srihari P, Tharmarasa R, et al. Comprehensive Track Segment Association for Improved Track Continuity[J]. IEEE Transactions on Aerospace and Electronic Systems,2018,54(5):2463-2480.

[23] Zhang B, Li Z, Perina A, et al. Adaptive Local Movement Modeling for Robust Object Tracking[J]. IEEE Transactions on Circuits and Systems for Video Technology,2017,27(7):1515-1526.

[24] Farrell W. Interacting multiple model filter for tactical ballistic missile tracking[J]. IEEE Transactions on Aerospace and Electronic Systems,2008,44(2):418-426.

155

[25] Battistini S，Menegaz H M T. Interacting multiple model unscented filter for tracking a ballistic missile during its boost phase[C]. IEEE Aerospace Conference,2017：1-8.

[26] 李广华. 高超声速滑翔飞行器运动特性分析及弹道跟踪预报方法研究[D]. 长沙：国防科学技术大学，2016.

[27] 何友，修建娟，关欣. 雷达数据处理及应用[M]. 3 版. 北京：电子工业出版社，2013.

[28] M. Hashirao T K a I S. A Kalman filter merging CV and acceleration estimation model using mode probabilities[J]. RADAR，2002：334-338.

[29] Jia S，Zhang Y，Wang G. Highly maneuvering target tracking using multiparameter fusion singer model[J]. Journal of Systems Engineering and Electronics，2017，28(5)：841-850.

[30] 肖松，谭贤四，李志淮，等. 基于 SCT-IMM 的临近空间高超声速目标跟踪模型[J]. 现代雷达，2013，35(04)：15-19.

[31] 刘玉磊，冯新喜，叶杨，等. 改进的"当前"统计模型自适应跟踪算法[J]. 科学技术与工程，2013，13(22)：6464-6469.

[32] 王国宏，李俊杰，张翔宇，等. 临近空间高超声速滑跃式机动目标的跟踪模型[J]. 航空学报，2015，36(07)：2400-2410.

[33] He D，Zhong Y，Dai S，et al. Sine tracking model of hypersonic target in near space based on radar detecting[C]. IET International Radar Conference 2015,2015：4-4.

[34] 聂晓华，张夫鸣，徐一鸣. NSHV 机动目标跟踪的自适应模型算法[J]. 系统工程与电子技术，2016，38(03)：506-511.

[35] Aburturab M R. Color information verification system based on singular value decomposition in gyrator transform domains[J]. Optics and Lasers in Engineering，2014，57：13-19.

[36] 张凯，熊家军，付婷婷，等. 高超声速滑翔导弹气动参数自适应跟踪建模[J]. 国防科技大学学报，2019，41(01)：101-107.

[37] Benavoli A，Chisci L，Farina A. Tracking of a Ballistic Missile with A-Priori Information[J]. IEEE Transactions on Aerospace and Electronic Systems，2007，43(3)：1000-1016.

[38] Cardillo G P，Mrstik A V，Plambeck T. A track filter for reentry objects with uncertain drag[J]. IEEE Transactions on Aerospace and Electronic Systems，1999，35(2)：394-409.

[39] Ghosh S, Mukhopadhyay S. Tracking Reentry Ballistic Targets using Acceleration and Jerk Models[J]. IEEE Transactions on Aerospace and Electronic Systems, 2011, 47(1): 666-683.

[40] Farina A, Ristic B, Benvenuti D. Tracking a ballistic target: comparison of several nonlinear filters[J]. IEEE Transactions on Aerospace and Electronic Systems, 2002, 38(3): 854-867.

[41] 赵艳丽. 弹道导弹雷达跟踪与识别研究[D]. 长沙:国防科学技术大学, 2007.

[42] 何开锋, 雍恩米, 钱炜祺. 基于雷达跟踪仿真的滑翔式再入弹道突防性能分析[J]. 宇航学报, 2012, 33(10): 1370-1376.

[43] 赵艳丽, 高向东, 戚宗锋, 等. 基于空气动力模型的助推-滑翔导弹跟踪[J]. 导弹与航天运载技术, 2010, (05): 24-29.

[44] 吴宇昊. 周期性高超声速巡航飞行器跟踪技术研究[D]. 长沙:国防科学技术大学, 2014.

[45] 张凯, 熊家军, 韩春耀, 等. 一种基于气动力模型的高超声速滑翔目标跟踪算法[J]. 宇航学报, 2017, 38(02): 123-130.

[46] 吴楠, 陈磊. 高超声速滑翔再入飞行器弹道估计的自适应卡尔曼滤波[J]. 航空学报, 2013, 34(08): 1960-1971.

[47] He X, Bi Y, Yue G. Target Tracking Algorithm of Ballistic Missile in Boost Phase Based on Ground-based Radar Systems[J]. Journal of Information and Computational Science, 2015, 12(2): 855-864.

[48] Lan J, Li X R. Equivalent-Model Augmentation for Variable-Structure Multiple-Model Estimation[J]. IEEE Transactions on Aerospace and Electronic Systems, 2013, 49(4): 2615-2630.

[49] 关欣, 赵静, 何友. 临近空间高超声速飞行器跟踪技术[J]. 四川兵工学报, 2011, 32(08): 4-6.

[50] 王萌萌, 张曙光. 基于模型预测静态规划的自适应轨迹跟踪算法[J]. 航空学报, 2018, 39(09): 194-202.

[51] Lee Y L, Chen Y W. IMM estimator based on fuzzy weighted input estimation for tracking a maneuvering target[J]. Applied Mathematical Modelling, 2015, 39(19): 5791-5802.

[52] Jilkov V P, Li X R. Online Bayesian Estimation of Transition Probabilities for Markovian Jump Systems[J]. IEEE Transactions on Signal Processing, 2004, 52(6): 1620-1630.

[53] 李俊杰, 王国宏, 吴巍, 等. 临近空间高超声速机动目标跟踪的 IMM-QB 算

法[J]. 现代防御技术，2015，43(06)：131-135.

[54] 潘媚媚，曹运合，王宇，等. 基于机动判别的变结构交互多模型跟踪算法[J]. 系统工程与电子技术，2019，41(04)：730-736.

[55] 鲁鹏威. 基于角度观测的目标跟踪和轨迹预测研究[D]. 南京：南京理工大学，2018.

[56] 程婷，何子述，李会勇. 采用多速率多模型交互实现机动目标的全速率跟踪[J]. 电子学报，2006，(12)：2315-2318.

[57] 秦雷，李君龙. 基于多站交互式多模型算法跟踪临近空间目标[J]. 系统仿真学报，2014，26(10)：2486-2491.

[58] P. Blom H. An efficient filter for abruptly changing systems[C]. The 23rd IEEE Conference on Decision and Control，1984：656-658.

[59] Lan J，Li X R，Mu C. Best Model Augmentation for Variable-Structure Multiple-Model Estimation[J]. IEEE Transactions on Aerospace and Electronic Systems，2011，47(3)：2008-2025.

[60] 肖松，谭贤四，王红，等. 变结构多模型临近空间高超声速飞行器跟踪算法[J]. 红外与激光工程，2014，43(07)：2362-2370.

[61] Qiao X，Wang B. A new approach to grid adaption of AGIMM algorithm[C]. Sixth International Conference of Information Fusion，2003. Proceedings of IEEE，2003：400-405.

[62] 秦雷，李君龙，周荻. 基于 AGIMM 的临近空间机动目标跟踪滤波算法[J]. 系统工程与电子技术，2015，37(05)：1009-1014.

[63] Mazor E，Averbuch A，Bar-Shalom Y，et al. Interacting multiple model methods in target tracking：a survey[J]. IEEE Transactions on Aerospace and Electronic Systems，1998，34(1)：103-123.

[64] Maeder U，Morari M，Baumgartner T I. Trajectory Prediction for Light Aircraft[J]. Journal of Guidance，Control，and Dynamics，2011，34(4)：1112-1119.

[65] Ahn J，Roh W R. Noniterative Instantaneous Impact Point Prediction Algorithm for Launch Operations[J]. Journal of Guidance，Control，and Dynamics，2012，35(2)：645-648.

[66] Ali A，Sartuk K. Development of a satellite borne tactical ballistic missile trajectory prediction tool[C]. International Conference on Recent Advances in Space Technologies，2003. RAST '03. Proceedings of IEEE，2003：601-604.

［67］Bronsvoort J，Mcdonald G，Vilaplana M，et al．Two-Stage Approach to Integrated Air/Ground Trajectory Prediction[J]．Journal of Guidance，Control，and Dynamics，2014，37(6)：2035-2039.

［68］Singh U K，Padmanabhan V，Agarwal A．Dynamic classification of ballistic missiles using neural networks and hidden Markov models[J]．Applied Soft Computing，2014，19：280-289.

［69］Yuyan T，Peikang H．Boost-phase ballistic missile trajectory estimation with ground based radar[J]．Journal of Systems Engineering and Electronics，2006，17(4)：705-708.

［70］崔亚奇，熊伟，何友．不确定航迹自适应预测模型[J]．航空学报，2019，40(05)：241-250.

［71］钱夔，周颖，杨柳静，等．基于 BP 神经网络的空中目标航迹预测模型[J]．指挥信息系统与技术，2017，8(03)：54-58.

［72］Zhang Y，Wen J，Yang G，et al．Air-to-Air Path Loss Prediction Based on Machine Learning Methods in Urban Environments[J]．Wireless Communications and Mobile Computing，2018，2018：1-9.

［73］王雪，施岩龙，袁家斌．雷达预警系统多目标轨迹预测的并行处理方法[J]．小型微型计算机系统，2016，37(04)：835-840.

［74］Bongiorno N，Bosurgi G，Pellegrino O．Prediction of road track paths by a fuzzy model[J]．Journal of Transportation Safety & Security，2016，8(4)：361-376.

［75］Arul R，Raja G，Kottursamy K，et al．User Path Prediction Based Key Caching and Authentication Mechanism for Broadband Wireless Networks[J]．Wireless Personal Communications，2016，94(4)：2645-2664.

［76］张凯，熊家军．高超声速滑翔飞行器长期轨迹预测问题探讨[J]．战术导弹技术，2018，(04)：13-17.

［77］Zhou Y，Zhang S．Robust noise attenuation based on nuclear norm minimization and a trace prediction strategy[J]．Journal of Applied Geophysics，2017，147：52-67.

［78］Ciffroy P，Benedetti M．A comprehensive probabilistic approach for integrating natural variability and parametric uncertainty in the prediction of trace metals speciation in surface waters[J]．Environ Pollut，2018，242(Pt B)：1087-1097.

［79］Harlin W J，Cicci D A．Ballistic missile trajectory prediction using a state transition matrix[J]. Applied Mathematics and Computation，2007，188 (2)：1832-1847.

[80] 张洪波，谢愈，陈克俊，等. 非惯性运动目标弹道预报技术探讨[J]. 现代防御技术，2011，39(06)：26-31.

[81] Du Z L，Li X M. Strong Tracking Tobit Kalman Filter with Model Uncertainties[J]. International Journal of Control，Automation and Systems，2019，17(2)：345-355.

[82] Gao L，Battistelli G，Chisci L，et al. Distributed joint sensor registration and target tracking via sensor network[J]. Information Fusion，2019，46：218-230.

[83] 杜润乐，刘佳琪，李志锋，等. 基于制导律识别的远期飞行轨迹预测：第17届中国系统仿真技术及其应用学术年会论文集(17th CCSSTAE 2016)[C]. 兰州：中国自动化学会；中国系统仿真学会，2016：273-277.

[84] 仇功达，何明，杨杰，等. 异常轨迹数据预警与预测关键技术综述[J]. 系统仿真学报，2017，29(11)：2608-2617.

[85] 邹翔，程朋，程农. 快速的飞行全过程航迹预测[J]. 清华大学学报(自然科学版)，2016，56(07)：685-691.

[86] 于重生. 基于时空规律的位置预测方法研究[D]. 济南：山东大学，2018.

[87] 乔少杰，韩楠，朱新文，等. 基于卡尔曼滤波的动态轨迹预测算法[J]. 电子学报，2018，46(02)：418-423.

[88] 熊光明，鲁浩，郭孔辉，等. 基于滑动参数实时估计的履带车辆运行轨迹预测方法研究[J]. 兵工学报，2017，38(03)：600-607.

[89] Lu W，Zhu P，Ferrari S. A Hybrid-Adaptive Dynamic Programming Approach for the Model-Free Control of Nonlinear Switched Systems[J]. IEEE Transactions on Automatic Control，2016，61(10)：3203-3208.

[90] Kim Y，Kim J W，Kim Z，et al. Efficient prediction of reaction paths through molecular graph and reaction network analysis[J]. Chem Sci，2018，9(4)：825-835.

[91] Yao W，Qi N，Liu Y. Online Trajectory Generation with Rendezvous for UAVs Using Multistage Path Prediction[J]. Journal of Aerospace Engineering，2017，30(3).

[92] 高佳，牟林，王国松，等. 马航MH370残骸漂移轨迹分析和预测[J]. 科学通报，2016，61(21)：2409-2418.

[93] Yang Z，Sun H，Huang J，et al. An Efficient Destination Prediction Ap-

proach Based on Future Trajectory Prediction and Transition Matrix Optimization[J]. IEEE Transactions on Knowledge and Data Engineering, 2020, 32(2): 203-217.

[94] Zhang X, Lei H M, Li J, et al. Ballistic missile trajectory prediction and the solution algorithms for impact point prediction[C]. Proceedings of 2014 IEEE Chinese Guidance, Navigation and Control Conference, 2014: 879-883.

[95] 张洪波. 航天器轨道力学理论与方法[M]. 北京: 国防工业出版社, 2015.

[96] 韩春耀, 熊家军. 平衡滑翔高超声速飞行器弹道预测方法[J]. 现代防御技术, 2016, 44(05): 120-124.

[97] Zhang Junbiao, Xiong Jiajun, Lan Xuhui, etc. Trajectory prediction of hypersonic glide vehicle based on empirical wavelet transform and attention convolutional long short-term memory network [J]. IEEE Sensors Journal, 2022, 22(5): 4601-4615.

[98] 张君彪, 熊家军, 兰旭辉, 等. 一种高超声速滑翔飞行器轨迹智能预测方法[J]. 宇航学报. 2022, 43(4): 413-423.

[99] 魏喜庆, 王社阳, 李瑞康. 基于自适应 IMM 算法的高超声速飞行器轨迹预测[J]. 上海航天, 2016, 33(2): 27-31.

[100] Lu P. Asymptotic Analysis of Quasi-Equilibrium Glide in Lifting Entry Flight[J]. Journal of Guidance, Control, and Dynamics, 2006, 29(3): 662-670.

[101] 张洪波, 黄景帅, 李广华, 等. 典型控制规律滑翔飞行器的轨迹预测方法[J]. 现代防御技术, 2017, 45(04): 112-118.

[102] 王路, 邢清华, 毛艺帆. 基于升阻比变化规律的再入高超声速滑翔飞行器轨迹预测算法[J]. 系统工程与电子技术, 2015, 37(10): 2335-2340.

[103] 王路, 邢清华, 毛艺帆. 助推-滑翔无动力跳跃飞行器轨迹预测[J]. 空军工程大学学报(自然科学版), 2015, 16(01): 24-27.

[104] 翟岱亮, 雷虎民, 李炯, 等. 基于自适应 IMM 的高超声速飞行器轨迹预测[J]. 航空学报, 2016, 37(11): 3466-3475.

[105] 翟岱亮, 雷虎民, 李海宁, 等. 面向轨迹预测的高超声速飞行器气动性能分析[J]. 固体火箭技术, 2017, 40(01): 115-120.

[106] 蒋海行, 张军峰, 武晓光, 等. 航空器意图及在四维航迹预测中的应用[J]. 武汉理工大学学报(交通科学与工程版), 2015, 39(02): 338-341.

[107] 王利芳, 李莉, 聂志强. 超视距空战中目标机动意图评估[J]. 电光与控制,

2012，19(12)：68-71.

[108] 周波，黄小宝，程颖，等. 基于 ADS-B 的低空飞行航迹预测[J]. 电光与控制，2015，22(07)：17-21.

[109] Vashishtha D，Panda M. Maximum Likelihood Multiple Model Filtering for Path Prediction in Intelligent Transportation Systems[J]. Procedia Computer Science，2018，143：635-644.

[110] 张凯，熊家军，李凡，等. 基于意图推断的高超声速滑翔目标贝叶斯轨迹预测[J]. 宇航学报，2018，39(11)：1258-1265.

[111] Wang B，Bao J，Zhang L，et al. UAV autonomous path optimization simulation based on radar tracking prediction[J]. EURASIP Journal on Wireless Communications and Networking，2018，2018(1).

[112] 饶志宏，徐锐，刘方，等. 基于改进隐马尔可夫模型的复合攻击预测方法[J]. 北京邮电大学学报，2017，40(S1)：15-19.

[113] 李强. 高超声速滑翔飞行器再入制导控制技术研究[D]. 北京：北京理工大学，2015.

[114] Hagseth P，Benner W，Gillen S，et al. Technology Development for High Speed/Hypersonic Applications[C]. AIAA/CIRA 13th International Space Planes and Hypersonics Systems and Technologies Conference，2005.

[115] Liang Z，Li Q，Ren Z，et al. Optimal bank reversal for high-lifting reentry vehicles[C]. 53rd IEEE Conference on Decision and Control，2014：965-969.

[116] 孙勇，段广仁，张卯瑞，等. 高超声速飞行器再入过程改进气动系数模型[J]. 系统工程与电子技术，2011，33(01)：134-137.

[117] 赵汉元. 飞行器再入动力学和制导[M]. 长沙：国防科技大学出版社，1997.

[118] 李柯，聂万胜，冯必鸣. 助推-滑翔飞行器可达区域影响因素研究[J]. 现代防御技术，2013，41(03)：42-47.

[119] Lu P，Xue S. Rapid Generation of Accurate Entry Landing Footprints[J]. Journal of Guidance，Control，and Dynamics，2010，33(3)：756-767.

[120] 王路，邢清华. 再入高超声速滑翔飞行器可达区域快速预测方法[J]. 军事运筹与系统工程，2015，29(01)：40-44.

[121] 肖翔，杨业，郭涛，等. 升力式再入飞行器两种可达区域计算方法的探讨[J]. 航天控制，2015，33(02)：39-43.

[122] 周宏仁，敬忠良，王培德. 机动目标跟踪[M]. 北京：国防工业出版

社，1991.

[123] P C F，G D F. Analytical results for the X Y Kalman filter[J]. IEEE Transactions on Aerospace & Electronic Systems，1974，10(6)：891-895.

[124] V R K，S S V. Steady-state results for the X Y Z Kalman filter[J]. IEEE Transactions on Aerospace & Electronic Systems，1977，13(4)：419-423.

[125] 韩崇昭，朱洪艳，段战胜，等. 多源信息融合[M]. 北京：清华大学出版社，2010.

[126] 李慧峰. 高超声速飞行器制导与控制技术[M]. 北京：中国宇航出版社，2012.

[127] 韩春耀. 临近空间高超声速滑翔飞行器轨迹预测研究[D]. 武汉：空军预警学院，2018.

[128] 赫泰龙，陈万春，刘芳. 高超声速飞行器平稳滑翔弹道扰动运动伴随分析[J]. 北京航空航天大学学报，2019，45(01)：109-122.

[129] K Z，J X J，T F T. Coupled Dynamic Model of State Estimation for Hypersonic Glide Vehicle[J]. Journal of Systems Engineering and Electronics，2018，29(6)：1284-1292.

[130] 张凯. 基于气动参数建模的高超声速滑翔飞行器目标跟踪与轨迹预测研究[D]. 武汉：空军预警学院，2019.

[131] X B，K S Z. An overview on flight dynamics and control approaches for hypersonic vehicles[J]. Science China，2015，58(7)：70201.

[132] Y M，K W，G G，et al. Analysis of generic reentry vehicle flight dynamics[J]. Eucass Proceedings，2018，10.

[133] 王建华，刘鲁华，王鹏，等. 高超声速飞行器纵向平滑翔飞行制导控制方法[J]. 国防科技大学学报，2017，39(01)：58-66.

[134] 王易南，陈康，符文星，等. 带有攻角约束的高超声速飞行器航迹倾角跟踪控制方法[J]. 固体火箭技术，2016，39(01)：125-130.

[135] R L X，P J V. Survey of Maneuvering Target Tracking_ Part II：Motion Models of Ballistic and Space Targets[J]. IEEE Transactions on Aerospace and Electronic Systems，2010，46：96-119.

[136] 钱佳淞，齐瑞云. 基于 NFTET 的高超声速飞行器再入容错制导[J]. 航空学报，2015，36(10)：3370-3381.

[137] Zhang K，Chen W. Reentry Vehicle Constrained Trajectory Optimization[C]. 17th AIAA International Space Planes and Hypersonic Systems and Technologies Conference，2011.

［138］Ferreira L D O. Nonlinear dynamics and stability of hypersonic reentry vehicles［D］. State of Michigan University of Michigan，1995.

［139］周浩，陈万春，殷兴良. 高超声速飞行器滑行航迹优化［J］. 北京航空航天大学学报，2006，32(05)：513-517.

［140］雍霄驹，方洋旺，高翔，等. 自适应变长滑窗曲线拟合时间配准算法［J］. 西安电子科技大学学报，2014，41(03)：209-213.

［141］Hernandez M，Benavoli A，Graziano A，et al. Performance Measures and MHT for Tracking Move-Stop-Move Targets with MTI Sensors［J］. IEEE Transactions on Aerospace and Electronic Systems，2011，47（2）：996-1025.

［142］周藜莎. 高超声速目标拦截交会条件分析［D］. 哈尔滨：哈尔滨工业大学，2016.

［143］吴楠. 助推滑翔飞行器预测探测滤波方法与误差链研究［D］. 长沙：国防科学技术大学，2015.

［144］韩春耀，熊家军，张凯，等. 高超声速飞行器分解集成轨迹预测算法［J］. 系统工程与电子技术，2018，40(1)：151-158.

［145］王秋生，陈璐，袁海文，等. 基于经验小波变换的电晕电流降噪方法［J］. 电网技术，2017，41(02)：670-676.

［146］Chu Y，Xu P，Li M，et al. Short-term metropolitan-scale electric load forecasting based on load decomposition and ensemble algorithms［J］. Energy and Buildings，2020，225：1-11.

［147］张淼，魏国. 心电信号平滑分解阈值去噪方法［J］. 哈尔滨工程大学学报，2020，41(09)：1329-1339.

［148］陈学军，杨永明. 采用经验小波变换的风力发电机振动信号消噪［J］. 浙江大学学报(工学版)，2018，52(05)：988-995.

［149］Rabi J，Balusamy T，Raj Jawahar R. Analysis of vibration signal responses on pre induced tunnel defects in friction stir welding using wavelet transform and empirical mode decomposition［J］. Defence Technology，2019，15(6)：885-896.

［150］Gilles J. Empirical Wavelet Transform［J］. IEEE Transactions on Signal Processing，2013，61(16)：3999-4010.

［151］Zhong J，Bi X，Shu Q，et al. Partial Discharge Signal Denoising Based on Singular Value Decomposition and Empirical Wavelet Transform［J］. IEEE Transactions on Instrumentation and Measurement，2020，69（11）：

8866-8873.

[152] Li Y-X, Jiao S-B, Gao X. A novel signal feature extraction technology based on empirical wavelet transform and reverse dispersion entropy[J]. Defence Technology, 2020.

[153] Zhang Q, Tu X T, Li F C, et al. An Effective Chatter Detection Method in Milling Process Using Morphological Empirical Wavelet Transform[J]. IEEE Transactions on Instrumentation And Measurement, 2020, 69(8): 5546-5555.

[154] 文成, 周传德. 基于灰色关联度的形态滤波及滚动轴承故障诊断中应用[J]. 振动与冲击, 2015, 34(14): 51-55.

[155] 靳冰洋, 刘峥, 秦基凯. 基于灰色关联度的两级实时航迹关联算法[J]. 兵工学报, 2020, 41(07): 1330-1338.

[156] Shi X, Chen Z, Wang H, et al. Convolutional LSTM Network: A Machine Learning Approach for Precipitation Nowcasting[C]. Advances in Neural Information Processing Systems 28, 2015.

[157] Chen Z, Wu M, Zhao R, et al. Machine Remaining Useful Life Prediction via an Attention-Based Deep Learning Approach[J]. IEEE Transactions on Industrial Electronics, 2021, 68(3): 2521-2531.

[158] Wenbin D, Yali W, Yu Q. Recurrent Spatial-Temporal Attention Network for Action Recognition in Videos[J]. IEEE Trans Image Process, 2018, 27(3): 1347-1360.

[159] Choi H, Cho K, Bengio Y. Fine-grained attention mechanism for neural machine translation[J]. Neurocomputing, 2018, 284: 171-176.

[160] Zheng H, Lin F, Feng X, et al. A Hybrid Deep Learning Model With Attention-Based Conv-LSTM Networks for Short-Term Traffic Flow Prediction[J]. IEEE Transactions on Intelligent Transportation Systems, 2020: 1-11.

[161] Shi Z, Xu M, Pan Q, et al. LSTM-based Flight Trajectory Prediction[C]. 2018 International Joint Conference on Neural Networks (IJCNN), 2018: 1-8.

[162] Zeng W, Quan Z, Zhao Z, et al. A Deep Learning Approach for Aircraft Trajectory Prediction in Terminal Airspace[J]. IEEE ACCESS, 2020, 8: 151250-151266.

[163] Ghimire S, Yaseen Z M, Farooque A A, et al. Streamflow prediction using

an integrated methodology based on convolutional neural network and long short-term memory networks[J]. Sci Rep，2021，11(1)：17497.

[164] Fan L，Jiajun X，Xuhui L，et al. NSHV trajectory prediction algorithm based on aerodynamic acceleration EMD decomposition[J]. Journal of Systems Engineering and Electronics，2021，32(1)：103-117.